Biologisch
bauen
renovieren
wohnen

Herbert Artelt

Biologisch bauen renovieren wohnen

Handbuch
für Bauherren und Architekten

Reimer

Impressum

Bibliografische Information der Deutschen Nationalbibliothek
Die Deutsche Nationalbibliothek verzeichnet diese Publikation in der
Deutschen Nationalbibliografie; detaillierte bibliografische Daten sind im Internet
über http://dnb.d-nb.de abrufbar.

Layout und Umbruch: Alexander Burgold, Berlin
Umschlaggestaltung: M&S Hawemann, Berlin
Druck: AZ Druck und Datentechnik GmbH, Berlin

© 2014 by Dietrich Reimer Verlag GmbH, Berlin
www.reimer-verlag.de

Alle Rechte vorbehalten
Printed in Germany
Gedruckt auf alterungsbeständigem Papier

ISBN 978-3-496-01487-4

Inhalt

Vorwort 7
    Einleitung 9

Die Grundstückswahl 13

Konstruktion und Baumaterialien 17
    Ökologische Baumaterialien – Einige grundlegende Eigenschaften 17
    Die Gründung 25
    Der Keller 30
    Die Außenwand 32
    Tragende Konstruktion und Innenaufteilung 39
    Das Dach 46
    Der Putz 59
    Die Fenster 62
    Die Türen 68
    Die Fassade 69

Die Technik 77
    Die Beheizung 77
    Die Elektrifizierung 88
    Kommunikationsleitungen 94
    Wasser- und Abwasserversorgung 96

Die Inneneinrichtung **99**
    Die Inneneinrichtung 99
    Die richtige Farbe 100
    Der Fußboden 111
    Die Möblierung 126
    Gesundes Schlafen 133
    Künstliche Beleuchtung 145
    Textilien 150

Tipps zum ökologischen Wohnen und Arbeiten **153**
    Baubiologie am Arbeitsplatz 153
    Wohnen mit Kindern 155
    Hygiene und Sauberkeit 157
    Insekten, Pilze und Schadtiere im Haus 160

Die Gartengestaltung **167**
    Teiche und Badeseen 167
    Tierleben im Garten 168
    Der Wintergarten – Oder: Die Nutzung natürlicher Wärme 171

Nachwort – Ein Plädoyer für mehr ökologisches Bewusstsein **175**

Das Wichtigste in Kürze 177
Auswahl von ökologischen Baustoffen für die Errichtung von Gebäuden 177
Zusammenstellung der Internetadressen von einigen Herstellern
ökologischer Produkte 181

Abbildungsnachweise **188**

Danksagung **191**

Sachregister **192**

Vorwort

Die Begriffe Biologie und Ökologie sind in heutiger Zeit zu einem ökonomischen Thema pervertiert. Die Werbebranche und deren Auftraggeber proklamieren für zahlreiche Produkte eine meist nicht vorhandene ökologische Qualität, mit der Folge, dass es in Deutschland kaum noch Artikel ohne Hinweis auf deren ökologische Vorzüge oder deren „Nachhaltigkeit" zu kaufen gibt.

Die nachfolgenden Kapitel sollen dem Leser dabei helfen, sich in ökologischen Baufragen zu emanzipieren, bei Kauf- oder Mietverhandlungen auf das Wesentliche zu achten, die richtigen Fragen zu stellen und ökologische Baustoffe von herkömmlichen zu unterscheiden. Denn: Jeder Mensch sollte in der Lage sein, aus der Flut von Informationen – zumindest auf einem so wichtigen Gebiet wie der Ökologie – das Beste für sich zu erschließen. Dabei geht es nicht nur um einen eigenen Beitrag für eine saubere Umwelt und eine sozial gerechtere Welt. Es geht auch um das eigene Wohlergehen und die eigene Gesundheit. Ich freue mich, wenn ich mit dem nachfolgenden Text zu einer solchen besseren Sichtweise beitragen kann.

25 Jahre habe ich mich beruflich mit Baubiologie und deren Einfluss und Wirkung auf die Menschen befasst. Diese Arbeit war sehr umfangreich und intensiv. Die vielen Erfahrungen und Kenntnisse, die ich während dieser Zeit durch Diskussionen mit Kunden, Kollegen und Herstellern, bei Seminaren und aus der Literatur sammeln konnte, fasse ich hier zusammen. Die Hauptaufgabe dieses Buches besteht jedoch nicht darin, technische Lösungen für Bauobjekte zu vermitteln oder chemische Zusammenhänge und physikalische Eigenschaften zu erklären. Vielmehr wird ein Überblick über die vielfältigen Möglichkeiten geboten, biologisch und damit gesund zu bauen, zu wohnen und zu leben.

Als Architekt liegt es mir fern, auf Fragen, die außerhalb des ökologischen Bauens und Wohnens angesiedelt sind, näher einzugehen. Dennoch werde ich nicht ganz darauf

Vorwort

verzichten können, denn zu einem gesunden, ökologischen Leben gehört umsichtiges Handeln gegenüber Mensch und Natur wie ein bedachter und maßvoller Konsum.

Allen Lesern, deren Interesse an ökologischen Fragen durch dieses Buch geweckt wurde, empfehle ich weitergehende Informationen im Internet und in der entsprechenden Fachliteratur. Im Anhang liste ich zahlreiche Firmen auf, die sich größtenteils schon seit Jahrzehnten mit dem Thema der Baubiologie beschäftigen und die dementsprechend auf ihrem Sachgebiet über eine sehr hohe Kompetenz verfügen. Jeder Interessierte erhält auf den Internetseiten dieser Firmen hervorragende tiefer gehende Informationen.

Zusätzlich zu den sachlichen Informationen gebe ich eigene Erfahrungen und Beispiele aus meiner beruflichen Tätigkeit als Architekt und Geschäftsführer eines ökologischen Einzelhandels weiter.

Im Kapitel „Das Wichtigste in Kürze" sind Stichwörter für einen schnellen Überblick über die Anforderungen an ökologisches Bauen und Wohnen aufgelistet.

Abschließend möchte ich noch allen Skeptikern mit auf den Weg geben, dass eine gesunde Lebensweise nicht ausschließlich darauf abzielt, unser Leben zu verlängern, sondern auch ein wichtiger Baustein für ein gesundes und erfülltes Leben sein kann. Einer meiner Kunden stellte fest: „Wir werden zwar älter, aber wir werden immer länger krank". Ist es nicht erstrebenswert, gesund alt zu werden? Wenn Sie, liebe Leser, diese Frage bejahen, dann werden Sie viel von diesem Buch profitieren.

Einleitung

Obwohl ein ökologisches Bewusstsein in Deutschland weit verbreitet ist, handeln die meisten Menschen nicht entsprechend und beschränken sich darauf, den Müll zu trennen, Altpapier zu sammeln und nicht mehr benötigte Kleidung zur Altkleidersammlung zu bringen. Doch der Anteil der Menschen, die zusätzlich ökologische Produkte vorziehen, wächst und die Lebensmittel- und Bekleidungsindustrie stellt sich auf die entstehende Nachfrage ein: Das Angebot an biologischen Nahrungsmitteln und Textilien im herkömmlichen Handel wird ständig erweitert.

Vielen Lebensmittelherstellern und Supermärkten gelingt es, neben konventionellen Lebensmitteln auch Bioprodukte glaubwürdig zu vermarkten. Anders sieht es in Einrichtungshäusern sowie im Bau- und Ausbaugewerbe aus. Die Versuche großer Baumärkte, Bioprodukte in ihr Sortiment aufzunehmen, scheiterten bisher. Das mag sowohl an den Kunden als auch am Marktpotenzial liegen. Denn der neue Bio-Kunde will wissen, welchen Mehrwert das Produkt bietet, wenn er höhere Kosten akzeptieren soll. Das bedeutet nicht, dass in einem Standardbaumarkt keine Bioprodukte zu finden sind. Im Gegenteil: Es gibt dort viele Produkte, die den ökologischen Ansprüchen genügen und die bereits seit vielen Jahren auf dem herkömmlichen Markt vertrieben werden. Im Allgemeinen haben die Verkäufer davon jedoch wenig Kenntnis. Das Verkaufspersonal ist mangels entsprechender Ausbildung nicht in der Lage, die Kunden über die höhere Umweltverträglichkeit und Schadstofffreiheit der Bioprodukte zu informieren. Beratungskompetenz in Bezug auf die ökologische Qualität von Baustoffen ist daher für Baumarktkunden schlichtweg nicht vorhanden. Dies liegt auch im Interesse der Baumärkte, die ihre Waren möglichst günstig vermarkten wollen.

Der heutige Bio-Kunde wünscht ein optisch ansprechendes, qualitativ hochwertiges und gleichzeitig ökologisches Produkt. Er geht aus diesem Grunde in einen

Einleitung

Biobaustoffhandel, der sich auf die heutigen Erfordernisse eingestellt hat. Dort erhält er von engagierten, gut ausgebildeten Verkäufern die erwarteten Auskünfte zu seinen Fragen. Diese speziellen Märkte sind leider in der Öffentlichkeit und räumlich so wenig präsent, dass sie keine große Marktdurchdringung haben und nur Menschen ansprechen, die bereits ökologisch überzeugt sind.

Hier liegt das Dilemma, als Bauherr Informationen zu gesunden Baumaterialien zu erlangen: Der gut erreichbare Baumarkt oder Baustoffhandel sieht keine wirtschaftliche Notwendigkeit, ökologische Waren anzubieten, da nach seiner Auffassung Bioprodukte zu wenig nachgefragt werden. Die Firmen, die ausschließlich mit Bioprodukten handeln, sind dagegen wirtschaftlich nicht stark genug, um eine ausreichend große Zahl von Menschen anzusprechen. Viele Bauwillige und Mieter stehen deshalb vor der Frage, wie sie ihr neues Heim ökologisch einrichten können, was es überhaupt bedeutet, gesund zu wohnen und zu leben und wo sie ehrliche Antworten auf ökologische Fragen bekommen. Denn: Ein Haus ist nicht gleich ökologisch, wenn es stärker gedämmt oder mit Sonnenkollektoren ausgestattet ist, Fotovoltaik nutzt oder mit einer Brauchwasseranlage betrieben wird.

Ökologie bedeutet weit mehr als ein CO_2-neutral gebautes Haus, dessen Energiebilanz ausgeglichen oder dessen Wasserverbrauch geringer als üblich ist. Gesund leben heißt, für eine bessere Welt einzutreten, nicht alles zu akzeptieren, was versprochen wird und die Aussagen der Anbieter zu hinterfragen. Gesund leben bedeutet auch, ein Wohnumfeld zu wählen, dass weder physisch noch psychisch belastend ist. Es gilt ebenso sehr, chemisch nicht belastende Materialien zu nutzen wie selber eine Lebensweise zu wählen, die der Umwelt nicht schadet. Wenn diese Bedingungen akzeptiert sind, stellt sich die Frage, wie nun der richtige Baustoff oder der gute Einrichtungsgegenstand gewählt werden kann.

Ein weiteres Problem beim Bau eines ökologischen Hauses oder beim ökologischen Einrichten stellen die Kosten dar. Die Anbieter von herkömmlichen Häusern, Bauprodukten und Einrichtungsgegenständen weisen immer wieder darauf hin, dass ökologische Häuser und Bioprodukte zu teuer sind. Deswegen wird in weiten Bevölkerungsschichten ökologisches Bauen noch immer als kostspielige Alternative zum herkömmlichen Bauen angesehen. Hier liegt jedoch ein Irrtum vor, denn Häuser, die von Anfang an ökologisch geplant sind, können sogar günstiger als konventionell gebaute Häuser angeboten werden: Beim Bauen von Beginn an auf ein ökologisches Konzept zu setzen, spart Kosten, auch gegenüber einer herkömmlichen Bauweise. Die laufenden Kosten während der Wohnphase liegen deutlich niedriger, und nicht zuletzt erhöht ökologisches Bauen maßgeblich den Wert und den Wohnwert einer Immobilie. Allgemein gilt für das ökologische ebenso wie für das herkömmliche Bauen, dass es ein breites Kostenspektrum gibt, das sich nach den Möglichkeiten und Wünschen der Bauherren richtet.

Ein weiterer Grund, warum es relativ wenige tatsächlich ökologische Häuser gibt, liegt darin, dass vielen Bauwilligen Häuser als ökologisch verkauft werden, die den

Einleitung

erforderlichen Kriterien nicht standhalten. So tummeln sich Häuser auf dem Markt, die selbst in der Presse als ökologisch gepriesen werden, nur weil sie energiesparend ausgerüstet sind. Zum ökologischen Haus gehört jedoch weitaus mehr. Was genau, soll auf den nachfolgenden Seiten geschildert werden.

1. Die Grundstückswahl

Die Lage des Hauses sollte so gewählt werden, dass die Natur möglichst wenig beeinträchtigt wird. Die eigenen vier Wände sollten Geborgenheit und ein gutes Gefühl vermitteln. Natürlich ist hier ein gewisser Spielraum in der Beurteilung möglich. Jeder muss für sich selber entscheiden, wie viel „Öko" er verträgt, bereit ist zu leben und bewerkstelligen kann. Ökologisch bauen ist eine Frage der Verantwortung gegenüber sich selbst, seinen Mitmenschen und der Umwelt, aber auch der emotionalen Bereitschaft.

Bei der Auswahl eines Grundstückes ist auf eine den persönlichen Erfordernissen entsprechende Infrastruktur zu achten. Eine ruhige Lage des Grundstückes ist dabei vorzuziehen. Man sollte bedenken, dass neben den allgemein bekannten Lärmverursachern auch Kindergärten, Schwimmbäder oder Schulen in direkter Nachbarschaft die Wohnqualität beeinträchtigen können.

Lärm- und Störungsquellen ausschließen

Ein ökologisches und damit störungsfreies Grundstück sollte außerdem keinen Einflüssen von elektrischen und elektromagnetischen Feldern ausgesetzt sein. Die Meinungen über die Auswirkungen solcher Felder gehen auseinander und sind noch nicht ausreichend erforscht (vgl. www.ecolog-institut.de). Im Zweifel ist das störungsarme Fleckchen Erde auf jeden Fall die bessere Wahl. Näheres hierzu im Kapitel Elektrosmog.

Die Grundstückswahl

Beim Bauen in vulkanischem Gebiet: Radonbelastung beachten

Ein spezielles Problem bei der Entscheidungsfindung für einen passenden Wohnsitz stellen die landschaftlichen Gegebenheiten dar. Wer in Gebieten mit Vulkangestein baut, muss besonders mit einer erhöhten Radonbelastung rechnen. Radon belastet unseren Körper ähnlich wie das Rauchen (vgl. www.bfs.de). Hier sind besondere bauliche Maßnahmen zu ergreifen, um diese Belastungen von der Wohnung fern zu halten. In besonders schwierigen Fällen ist eine spezielle Belüftung unter der Bodenplatte notwendig. Wie hoch die Radonbelastung in den einzelnen Landschaften ist, kann man beim Bundesumweltamt erfahren. Eine erste Übersicht bietet die vom Bundesamt für Strahlenschutz bereitgestellte Radonkarte Deutschlands.

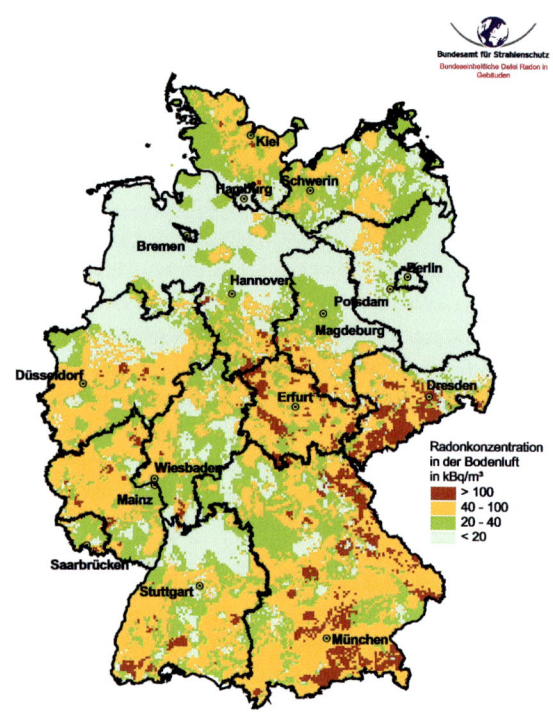

Höhe der Radonbelastung in den einzelnen Landschaften
(Grafik: Bundesamt für Strahlenschutz)

Die Grundstückswahl

Von großen Industrieanlagen und Produktionsstätten chemischer Produkte gehen nicht nur Lärmstörungen aus. Es besteht auch die Gefahr von Belastungen mit Gasen und Schadstoffen durch die Produktion und durch den zusätzlichen Verkehr. In harmlosen Fällen geht die Beeinträchtigung nicht über eine Geruchsbelästigung hinaus.

Als Bewohner eines Mehrfamilienhauses ist es durch die größere Nähe zu seinen Mitmenschen gerade für Allergiker schwieriger, sich ein optimales Wohnumfeld zu schaffen. So musste eine meiner Kundinnen aus ihrer Hochhauswohnung ausziehen, weil ein anderer Bewohner acht Etagen unter ihr seine Wohnung mit Farben renovierte, die bei ihr starke allergische Hautreaktionen hervorriefen. Wenn Sie eine Wohnung suchen, achten sie darauf, dass erhebliche Störungen von Gaststätten, Restaurants oder Arztpraxen ausgehen können. Gerade bei Arztpraxen können zu den üblichen Belastungen Strahlungen von Röntgenräumen Auswirkungen haben.

Achten Sie auf das vorherrschende Mikroklima: Wie sind die Windverhältnisse und wie ist die Besonnung Ihres Grundstückes? Gebäude im Norden Deutschlands, vor allem am Meer, kühlen durch die dort häufiger und heftiger auftretenden Winde stärker aus als im windstilleren Süden. Ein gleiches Bild bietet sich durch die landschaftliche Topographie. Freie Landschaften, Hügel und Berge sind Wind exponierter als Täler, in denen die Sonne, nur einen Teil ihrer Kraft zur Geltung zu bringen vermag. Hecken, Bäume, Büsche, natürliche und künstliche Bodenstrukturen vermögen die Gebäude vor stärkerer Auskühlung zu schützen und somit Energie zu sparen.

Mikroklima einplanen und Energie sparen

Es ist wichtig zu wissen, ob der Vorbesitzer die Bodenstruktur durch synthetische Dünger zerstört hat und ob chemische Mittel zur Unkraut- und Insektenvernichtung eingesetzt wurden. Denn: Ständig mit chemischem Dünger behandelte Böden entwickeln kein gesundes Bodenleben mehr und verarmen. Der Boden wird zur Nährstoffwüste, bei der nur noch mit weiteren Düngergaben die Pflanzen zum scheinbar gesunden Wuchs angeregt werden können. Die Alternative zu chemischen Düngern lautet Naturdünger und regelmäßige Kompostgaben.

Chemische Vorbelastungen der Böden ausschließen

Achtung: Überdüngung!
Blaukorn gilt häufig als Wundermittel für viele Pflanzen, denn die Pflanzen nehmen einen großen Teil der darin enthaltenen chemischen Nährstoffe sofort auf. Das Ergebnis sind prächtig blühende Blumen, geschmacksneutrales Gemüse und ebensolche makellosen Früchte. Der Nachteil besteht darin, dass die Pflanzen nicht alle chemischen Nährstoffe aus dem Blaukorn aufnehmen können und der nächste Regenguss sie in das Grundwasser waschen kann. Dadurch gelangt Dünger dorthin, wo wir ihn nicht haben wollen. Flüsse und Seen verkrauten und zu guter Letzt landet noch ein erheblicher Teil im Meer. Das übermäßige Pflanzenwachstum im Wasser führt vor allem im Sommer bei hohen Temperaturen zum Sauerstoffmangel in den Gewässern. Tiere leiden und das Ökosystem in den Gewässern gerät aus den Fugen.

Ein weiteres Problem können Mineraldünger, die privat und in der Landwirtschaft zur Anwendung kommen, darstellen. Nach neueren Berichten sind sie häufig radioaktiv mit dem Schwermetall Uran belastet, das sich über die Nahrungskette auch im menschlichen Körper anreichert.
(www.umweltinstitut.org)

Konstruktion und Baumaterialien

Ökologische Baumaterialien – Einige grundlegende Eigenschaften

Bei Haus- und Siedlungsplanungen wird inzwischen darauf geachtet, dass die fertigen Objekte im Gebrauch möglichst wenig Energie benötigen. Das ist gut und richtig, schont unsere Umwelt und die Belastungen mit Schadstoffen durch Emissionen sinken. Der Fokus beschränkt sich jedoch fast ausschließlich auf Heizkostenersparnis bzw. bei Industriebauten zusätzlich auf eine Kostenreduzierung für die Klimatisierung. Um Energie zu sparen werden keine „Kosten und Mühen" gescheut. Es werden Unmengen an Dämmstoffen gefertigt und herantransportiert. Doch niemand fragt danach, wie hoch eigentlich der Energieeinsatz bei der Herstellung und dem Transport ist, woher die Stoffe kommen, ob Schadstoffe in ihnen enthalten sind oder ob es alternative Stoffe gibt. Denn das, was letzten Endes zählt und vom Gesetzgeber gefordert wird, ist ein niedriger Energieverbrauch während der Nutzung und nicht bereits bei der Herstellung.

Die ökologische Energiebilanz beginnt bereits bei der Herstellung

Die Umweltbelastung bei der Herstellung der Materialien wird ebenso wenig hinterfragt wie die ökologische Sicherheit für die Bauarbeiter oder die Gefährdung

Konstruktion und Baumaterialien

> **Mensch und Umwelt stehen im Mittelpunkt biologischen Bauens**

der Arbeiter in der Produktion. Kein Wort darüber, ob die eingesetzten Baustoffe den späteren Bewohnern womöglich Schaden zufügen, nicht nur in Bezug auf die chemische Zusammensetzung, sondern auch auf das klimatechnische Verhalten und die physikalischen Eigenschaften. Was geschieht mit den Menschen vor allem in den Industrienationen, die den überwiegenden Teil ihres Lebens in Häusern verbringen, deren Räume hermetisch von der Außenwelt isoliert sind, deren Frischluftbedarf nach physikalischen Berechnungen geregelt wird? Was widerfährt jenen Menschen, die nicht ihren persönlichen Rhythmus leben können, weil die Häuser dem Bewohner ihren eigenen Rhythmus aufzwingen? Und was passiert mit den Häusern selbst?

Der Begriff „ökologisch Bauen" wird zunehmend von der herkömmlichen Industrie vereinnahmt und als technische Herausforderung dargestellt. An das fertige Produkt werden Forderungen gestellt, die unter Laborbedingungen erreicht wurden, ohne Berücksichtigung, dass von Menschen für Menschen gebaut wird und dass diese Forderungen nicht konstant erfüllt werden können. Deshalb sollen hier der Mensch und die Umwelt im Mittelpunkt der Planung stehen. Das Haus muss sich dem Menschen anpassen und nicht umgekehrt. Das Gebäude sollte sich in seine Umwelt einfügen und sie nicht zerstören.

Wer verantwortungsbewusst und ökologisch baut, achtet auf folgende Punkte:

1. Energieeinsparung und Rohstoffgewinnung

- Ökologisch bauen heißt, mit den vorhandenen Ressourcen so sparsam wie möglich umzugehen. Jedes richtig ökologisch gebaute Haus ist energiesparend, aber fast kein energiesparendes Haus ist ein ökologischer Bau – auch wenn unkritische Journalisten, Politiker und Industrievertreter es anders verbreiten.
- Die verwendeten Baustoffe haben eine größtmögliche Effizienz bei minimalem Verbrauch von Ressourcen.
- Die Rohstoffe werden aus der Region verwendet, um den Energieverbrauch für den Transport klein zu halten.

Ökologische Baumaterialien – Einige grundlegende Eigenschaften

- Rohmaterialien aus nachwachsenden Rohstoffen schonen die Umwelt.
- Die Produktion erfolgt energiesparend mit regenerativer Energie aus Wasser, Wind oder Sonne und nicht mit Energie von Atom- oder Kohlekraftwerken.
- Der umwelttechnische Nutzen während der Wohnphase muss größer sein als die Umweltbelastung während der Herstellung. Hierzu zählt nicht nur die Vermeidung von Belastungen für die Umwelt, sondern auch die unwiederbringliche Nutzung endlicher Ressourcen.
- Ökologisch bauen heißt auch, sich auf das Wesentliche zu konzentrieren und nur das Notwendige zu verwirklichen.

2. Schadstoffbelastung, Raumklima und Strahlenschutz

- Die verwendeten Materialien dürfen zu keiner Schadstoffbelastung führen, weder bei der Herstellung, dem Transport, der Verarbeitung oder im Haus.
- Die Materialien dürfen in keiner Phase bis zur Bestimmung als Bauteil die Natur belasten.
- Schadstoffe im Material oder in Hilfsstoffen, die zur Verarbeitung notwendig sind, dürfen nicht enthalten sein.
- Negative Strahlungen von Sendern, Antennen, Strom führenden Einrichtungen, Röntgen-und Atomanlagen sowie natürliche negative Strahlungen wie Wasseradern müssen durch das Material weitestgehend abgeschirmt werden. Gleichzeitig soll das fertige Bauteil aber soviel wie möglich von der in der Umwelt vorhandenen positiven Strahlung und Atmosphäre an die Bewohner heranlassen.
- Das Bauteil soll den Feuchtigkeitshaushalt in den Räumen positiv unterstützen. Diese Eigenschaft wird von Baustoffen erreicht, die im Verhältnis zu ihrer Masse und ihrem Gewicht schnell viel Feuchtigkeit aufnehmen und bei Bedarf ebenso zügig wieder abgeben können, ohne dabei ihre Dämmeigenschaften im Wesentlichen einzubüßen.

- Je höher die technische Ausrüstung von Gebäuden ist, desto mehr muss auf Materialien zurückgegriffen werden, die ökologische Kriterien nicht erfüllen. Da eine „natürliche" Schadstoffbelastung gegeben ist, ist es wichtig für einen ausreichenden Luftaustausch zu sorgen. Diesen Luftaustausch können automatische Lüftungen erfüllen, allerdings mit nicht ganz unproblematischen Auswirkungen (siehe Seite 22).

3. Kriterien für ein ökologisches Miteinander

- Wer ökologisch baut verhält sich sozial zu seinen Mitmenschen und beansprucht keine Statussymbole für sich. Dieses soziale Verhalten ist nicht nur national, sondern global zu verstehen. Ökologisches Verhalten prägt die Menschen auch in anderen Bereichen mit positiven Auswirkungen im persönlichen wie auch im internationalen Miteinander.
- Die verwendeten Materialien dürfen keinerlei Gefahren für Bauarbeiter und Arbeiter während der Produktion und der Verarbeitung bergen.
- Das Bauteil muss schalldämmend sein. Diese Eigenschaft gilt vorwiegend für Mehrfamilienhäuser, Reihenhäuser, Doppelhäuser oder für Häuser in einem problematischen lärm-emittierenden Umfeld.
- Manch einem Kunden gab ich nach einer ausführlichen Beratung außerdem mit auf den Weg, dass ein ökologisch gebautes Haus nur dann für seine Bewohner gesund ist, wenn sie sich mit der Bauweise identifizieren können: Man muss sich in seinem Haus wohl fühlen. Wer die Ausführung und Optik psychisch ablehnt, dem nützen die gesündesten Baustoffe nichts.

Qualitätszeichen für ökologische Baustoffe

Es ist nicht möglich einen Baustoff zu finden, der all diese Eigenschaften in sich vereint. Je nach Lage des fertigen Objektes und den gewünschten Ansprüchen an das Bauteil kann man jedoch mit der Hilfe des Planers den für sich, das Haus und die Umwelt besten Baustoff auswählen. Eine Hilfe bei der Auswahl des richtigen Baustoffs bietet auch der Verein natureplus e. V., der für ökologische Baustoffe sein Qualitätszeichen vergibt.

Ökologische Baumaterialien – Einige grundlegende Eigenschaften

Ein ökologisches Haus ist heute in der optischen Qualität von einem konventionell gebauten Haus nicht mehr zu unterscheiden, aber der Wohnwert und der Anspruch an einen sorgsamen Umgang mit unserer Gesundheit und der Natur sind ungleich höher.

Eine besondere Herausforderung an das ökologische Bauen stellt außerdem die gesetzliche Forderung nach einem immer geringeren Energieverbrauch der Häuser dar. Schon früh im 20. Jahrhundert setzte sich bei anspruchsvollen Bauten, zumindest in Deutschland und den skandinavischen Ländern, aus bauphysikalischer Sicht die Verwendung von Dämmstoffen durch. Die Dämmstoffe und die Dämmstoffstärken in den einzelnen Bauteilen wurden immer weiter optimiert bis ein Punkt erreicht war, an dem man feststellte, dass nur durch eine weitere Verstärkung der Dämmschicht keine wesentlichen Energieeinsparungen mehr zu verwirklichen waren. Je stärker die Dämmschicht, desto weniger nutzte jeder weitere Zentimeter der Verbesserung der Dämmwerte. Recht bald erkannte man, dass ein erheblicher Teil der Energie, selbst wenn das Haus noch so gut gedämmt war, durch die Gebäudehülle entwich, wenn sie nicht ausreichend winddicht hergestellt wurde. Seitdem gilt: Je winddichter ein Haus gebaut wird, desto weniger Energie geht durch „Wärmelecks" nach außen verloren. Die Winddichtigkeit eines Hauses ist daher eine erstrebenswerte Größe, doch sollte auch hier immer der Nutzen im Vergleich zum Energieaufwand für die Herstellung des eingesetzten Materials gesehen werden.

Mit den ständig strenger werdenden Forderungen zum Energiesparen bei Gebäuden wurde das winddichte Bauen immer notwendiger und damit die rechtlichen Möglichkeiten, wirklich ökologische Häuser zu bauen, geringer. Es gelangten neue Baustoffe zum Einsatz, deren Wirkung auf den Menschen und die Umwelt noch nicht hinlänglich dokumentiert ist. Somit werden technische Vorteile erreicht, ohne die möglicherweise nachteiligen Bedingungen für die Bewohner beleuchtet zu haben. Doch, wie bereits beschrieben, darf sich ökologisches Bauen nicht nur auf das Energiesparen

Gesetzliche Vorschriften zu Wärmedämmung und Winddichtigkeit: Herausforderungen an biologisches Bauen und Wohnen

beim Betreiben des Hauses beziehen, sondern muss den gesamten Umfang des Lebens und Wohnens mit einbeziehen. Um die geforderte Winddichtigkeit eines Gebäudes zu erreichen, müssen Kleber und Klebebänder verwendet und Anschlussfugen ausgebildet werden, die zu chemischen Ausdünstungen im und am Gebäude führen. Die technischen Eigenschaften der neuen Materialien müssen über Jahrzehnte konstant bleiben. Der Einbau muss so einfach und sicher erfolgen können, dass er auf der Baustelle bei jedem Wetter auszuführen ist. Diese hohen Anforderungen kann nur ein anspruchsvolles Material erfüllen, das zusätzlich zur chemischen Ausgasung unter Umständen auch schon bei der Produktion die Umwelt hoch belastet.

Je höher der technische Aufwand betrieben wird, ein Haus zu errichten, desto größer ist die Gefahr, dass Fehler geschehen, die zu erheblichen Baumängeln führen. Und je winddichter ein Haus gebaut wird, desto gravierender wirken sich Windlecks auf die Gebäudesubstanz und auf die theoretisch ermittelten Anforderungsprofile aus. Natürlich sollte man beim Aufstellen von Forderungen nicht mit einkalkulieren, dass sie fehlerhaft ausgeführt werden könnten. Doch leider zeigt die Praxis, dass weder die Mehrzahl der Planer noch der Handwerker in der Lage sind, umfassend fehlerfrei zu bauen. Immer mehr Neubauten sind durch Baufehler in der Substanz gefährdet und immer mehr Menschen wohnen sich krank. Einer der größten Feinde ist hier der Schimmelpilz. Ein kleines Windleck, das eventuell erst nach der Prüfung des Gebäudes (Blower-Door-Verfahren) auftritt, kann zu Tauwasserbildung und in deren Folge zu Schimmel führen.

Richtiges Lüften

Andererseits nützen die besten Dämmmaßnahmen an Häusern nicht, wenn die Bewohner durch nicht sachgerechtes Lüften viel des technischen Aufwands, der beim Bau zur Energieeinsparung betrieben wurde, wieder zunichte machen. Nicht nur falsches Bauen, sondern auch falsches Wohnen kann die Gesundheit der Bewohner gefährden. Aus diesen Gründen wird vielfach die Forderung nach automatischen Lüftungsanlagen laut. Lüftungsanlagen müssen regelmäßig gewartet und die

Filter gereinigt werden, denn sonst besteht die Gefahr der Verkeimung, und das wiederum wirkt sich auf die Gesundheit der Bewohner aus. Auch psychologisch sind solche Anlagen im Wohnungsbau nicht zu empfehlen, da sie den Bewohnern das Gefühl geben, einen Teil ihrer Selbstbestimmung aufgeben zu müssen. Die fehlende Kontrolle über die Temperatur und Lüftung wirken in das Unterbewusstsein und können die Menschen krank machen. Hier gibt es ein schönes Beispiel, das sich bei der Planung eines Großraumbüros in Hamburg schon vor Jahrzehnten abgespielt hat: Kurze Zeit nach dem Einzug der Mitarbeiter in ihr neues Büro klagten viele über Kopfschmerzen, allgemeines Unwohlsein und die Zahl der Krankschreibungen stieg. Eine Umfrage unter den Angestellten ergab die Bemängelung, dass die Temperatur an deren Arbeitsplatz nicht individuell reguliert werden könne. Die Firmenleitung versprach Abhilfe und ließ Schalter zur Wärmeregulierung an diversen Säulen montieren. Die Situation wurde schlagartig besser und die Mitarbeiter fühlten sich wohler. Die Tragik ist, dass hier die Psyche der Menschen manipuliert wurde, denn das Bedienen der Schalter hatte keinerlei Auswirkung auf das Raumklima, es handelte sich lediglich um Blindschalter.

Wohnen ist für den Menschen ein elementares Bedürfnis und jede Planung, die den Bewohnern ihre Einflussnahme auf eine persönliche Gestaltung des Wohnens nimmt, ist nicht menschenwürdig. Eine ökologische Planung der Häuser bedeutet in diesem Fall, den Bewohnern die Verantwortung des Wohnens zu überlassen und sie nicht durch Technik zu ersetzen. Gute Häuser lassen den Menschen ihre Freiheit zur Gestaltung ihres Lebens in ihrer Wohnung und ihrem Quartier. Fehler führen sehr schnell zu sozialen Brennpunkten und im schlimmsten Fall zu Vandalismus. Denn: Je größer die persönliche Gestaltungsfreiheit des Wohnens und damit die Zufriedenheit der Bewohner ist, desto stressfreier und sicherer gestaltet sich das soziale Umfeld. Die umfassende Einflussnahme, die Menschen auf ihre Wohnsituation nehmen sollten, betrifft auch den Arbeitsplatz.

Konstruktion und Baumaterialien

Raumluftbelastungen vorbeugen

Neben der größeren Gefahr von Schimmelbildung sind für die Gesundheit des Menschen auch noch andere Probleme zu berücksichtigen. Denn in einem winddichten Haus, in dem falsch gewohnt oder gebaut wurde, kann die Raumluft durch die vielen chemischen Verbindungen stärker verunreinigt sein als in einem Haus, in dem ein natürlicher Luftaustausch zwischen Innen und Außen stattfindet. Die Schadstoffbelastung in „normalen" Wohnräumen liegt noch immer höher als auf einer Hauptverkehrsstraße und eine Besserung ist nicht in Sicht. Noch immer werden unkontrolliert neue Baustoffe eingesetzt oder alte chemisch „verbessert". Deshalb sind gerade bei energiesparenden winddichten Häusern die zu verwendenden Baustoffe noch sorgfältiger nach ökologischen Kriterien zu beurteilen. Dabei spielen nicht nur energetische Fragen eine Rolle, sondern es muss auch die Höhe der Raumluftbelastung beachtet werden.

Bei der Planung für die Winddichtigkeit von Häusern sind daher folgende Fragen zu stellen:
- Wie wirkt sich die erreichte Winddichtigkeit im Zusammenhang mit dem Wohnverhalten auf die tatsächliche Energieersparnis aus?
- Mit welchen Materialien wird diese Winddichtigkeit erreicht?
- Welche Auswirkungen haben die Stoffe und die vorhandene Winddichtigkeit auf die Schadstoffbilanz in den Wohnräumen?
- Inwieweit beeinflussen die verwendeten Materialien und die Winddichtigkeit das Klima in den Räumen?
- Wie hoch ist die Umweltbelastung bei deren Herstellung?
- Welche Auswirkungen sind auf die Bausubstanz zu befürchten?
- Ist der Einbau ohne Probleme einfach und fachgerecht ausführbar?
- Erfordert das Gebäude ein angepasstes Wohnverhalten oder ist ein entspanntes Wohnen möglich?

Die Gründung

Jeder Hausbau beginnt mit der Gründung. Je größer das Gebäude wird, desto aufwendiger ist die Planung dieser Maßnahme. Ein wichtiger Faktor für die Dimension der Fundamente ist neben dem Gewicht des Gebäudes die Beschaffenheit des Untergrundes, seine Tragfähigkeit.

In der Vergangenheit wurden Gebäude auf natürlichen Steinen, gemauerten Fundamenten oder auf Holzpfählen gegründet. Inzwischen wird für die Fundamentierung fast ausschließlich Stahlbeton verwendet. In die Gründung wird die Sohlplatte miteinbezogen.

Während in der Vergangenheit beim Errichten des Gebäudes die Dimension der Bauteile nach den Erfahrungen der Handwerker gewählt wurde, ist heute maßgeblich der Statiker bestimmend. Eine Konstruktion muss materialsparend, in der Errichtung zeitsparend und an Gewicht möglichst gering sein. Um diese Kriterien zu erfüllen, sind umfassende statische Berechnungen notwendig: Wir erhielten einmal den Auftrag, auf einem etwa 100 Jahre alten zweigeschossigen Gebäude ein neues Dachgeschoss zu errichten. Die alte Statik umfasste lediglich zwei handgeschriebene DIN-A4-Seiten, die neue Statik für den Aufbau dagegen erstreckte sich über eine 50 Seiten lange Computerberechnung.

Jede Gründung hat neben Druckbelastungen Zugkräfte aufzunehmen, weil davon auszugehen ist, dass die Bodenverhältnisse, trotz sorgfältiger Vorbereitung, auf Dauer nicht über die gesamte Ausdehnung des Gebäudes konstant tragfähig sind. Von alten Gebäuden kennt man unterschiedliche Setzungen, die bei den Häusern zu Rissen oder sogar einer Schieflage führen. Deshalb können wir heutzutage auch bei einer ökologischen Bauweise nicht mehr auf die statisch notwendige Gründung mit Stahlbeton verzichten, obwohl dieser die natürlichen Eigenschaften des gewachsenen Bodens und dessen Auswirkungen auf die Bewohner beeinflusst.

Unser Wohnumfeld hat eine direkte Auswirkung auf unser Befinden, sowohl im physischen als auch im psychischen Sinn. Die unterschiedlichen Landschaften

Statisch unverzichtbar: Gründung mit Stahlbeton

gedeihen auf verschiedenen Böden. Aus der Sichtweise der Geomanten üben diese Landschaften wie Moore, Wiesen, Heide oder Wälder mit ihren Böden ihre eigenen Wirkungen auf uns aus. Beton würde diese Einflussnahme durch seine absperrenden Eigenschaften verändern, die positiven oder negativen natürlichen Strahlungen absperren oder umlenken. Wünschelrutengänger lokalisieren diese unterschiedlichen Einflussfelder und bestimmen deren positive beziehungsweise negative Auswirkungen auf den Menschen. Wenngleich nicht wissenschaftlich zu belegen, so ist unbestreitbar, dass Geomanten für einige Menschen sehr positiv wirken können, auch wenn deren Aussagen sich oftmals widersprechen.

Beton: Über Zusatzstoffe informieren

Der Zusatzstoff Zement im Beton wird aus natürlichen Stoffen, hauptsächlich Kalkstein, Sand, Ton und Eisenerz, industriell hergestellt. In der Vermischung mit Wasser entsteht eine Lauge, die zu Verätzungen führen kann. Daher ist beim Arbeiten mit Zement Vorsicht geboten. Im Zement enthaltene Chromate können Allergien hervorrufen. Die Herstellung von Zement trägt etwa mit sieben Prozent zum weltweiten CO_2-Ausstoß bei (www.bmbf.de). Das Endprodukt Beton ist daher kein ökologischer Baustoff, obwohl er zum größten Teil aus natürlichen Zuschlagstoffen besteht. Ein ökologischer Baustoff darf durch seine Eigenschaften das Raumklima nicht negativ beeinflussen. Beton hat negative Auswirkungen, zum einen wegen seines trägen Feuchtigkeitsverhaltens und zum anderen wegen der absperrenden Eigenschaften.

Versuche an Ratten haben ergeben, dass die in Betonbauten gezüchteten Tiere sich in einem schlechteren gesundheitlichen Zustand befanden als jene, die in Holzhäusern oder gemauerten Häusern aufwuchsen. Hieraus lassen sich durchaus Rückschlüsse auf die Auswirkungen von Beton auf die Menschen, die in entsprechenden Häusern leben, ziehen. Eine Betongründung mit Sohle hat nicht die gleichen Auswirkungen auf den Menschen wie ein komplettes Betonhaus. Aus diesem Grunde ist diese Konstruktion auch aus ökologischer

Die Gründung

Sicht vertretbar und aus heutigen technischen und ökonomischen Belangen meist nicht zu umgehen.

Zu guter Letzt muss ich noch darauf hinweisen, dass vom heutigen Beton durch viele unterschiedliche Zusatzstoffe neben Zement und Kies weitere Belastungen für das Raumklima ausgehen können. In Absprache mit dem Bauunternehmer kann geklärt werden welche Mittel im Beton sind und ob auf sie verzichtet werden kann. Hier nur eine kleine Aufzählung der möglichen Zusatzstoffe:
- Schalöl, um ein Anhaften an den Formen zu verhindern
- Zusatzstoffe, um eine höhere Frostbeständigkeit beim Aushärten zu erreichen
- Zusatzstoffe für eine bessere Verarbeitbarkeit
- Zusatzstoffe, um die Fließeigenschaften zu optimieren
- Farbstoffe
- Zusatzstoffe, um eine schnellere Härtung zu erlangen
- Zusatzstoffe zur Herstellung von wasserdichtem Beton
- Zusatzstoffe, um die Dämmeigenschaften zu verbessern.

Es gibt unterschiedliche Möglichkeiten, um den Anteil von Beton in der Gründung zu minimieren. So waren wir bei einem Bauvorhaben auf Grund von zwei Eichen, die nicht gefällt werden durften, gezwungen, Punktfundamente zu errichten. Auf diese Punktfundamente wurde dann keine Betonplatte geschüttet, sondern eine Holzkonstruktion mit entsprechender Belüftung, Dämmung und Feuchtigkeitssperre verlegt. Trotz Einsatzes von Beton wird durch diese Konstruktion eine ökologisch bessere Variante erreicht, die technisch und bauphysikalisch jedoch anspruchsvoller ist.

Betonanteil in der Gründung minimieren

Die Anforderungen an die Wärmedämmung von Häusern werden immer höher gestellt und damit gehen auch entsprechende Dämmmaßnahmen an der Gründung einher. Im Standardhausbau kommen unter der Sohle vor allem druckfeste Polysterole zum Einsatz. Die Alternative dazu ist Schaumglas. Ein mit Polysterol gedämmtes Haus mag nach allgemeinem Sprachgebrauch nachhaltig sein, kann aber in keinem Fall als ökologisch oder biologisch bezeichnet werden.

Ökologische Wärmedämmung

Konstruktion und Baumaterialien

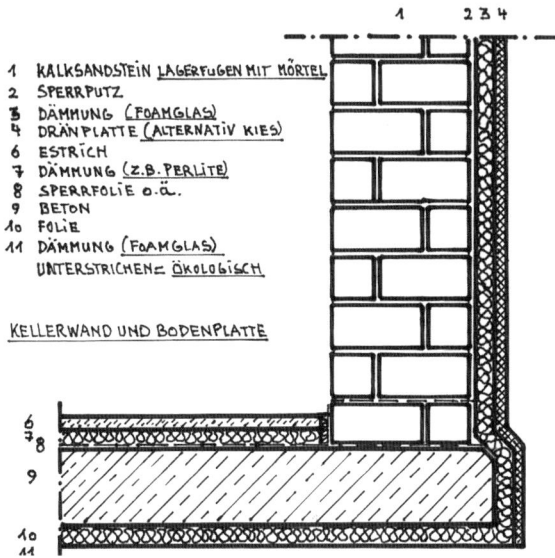

Feuchtigkeitsisolierung und Dämmung der Gründung

Achtung: Styrol

Styrol ist ein chemischer Ausgangsstoff, der als Lösemittel oder für die Kunststoffherstellung (Polystyrol) zum Einsatz kommt. Es besteht chemisch aus einem Kohlenstoffring (Aromaten) mit einer Ethylgruppe. Styrol ist schon bei Raumtemperaturen sehr reaktiv und leicht entzündlich.

Worin ist Styrol enthalten?

Styrol ist der wichtigste Ausgangsstoff für Polystyrol – besser bekannt als Styropor. Polystyrol ist ein wichtiges Dämmmaterial auf der Basis von Erdöl. Daneben kommt Styrol in der Kantenverarbeitung als sogenanntes ABS (Acrylnitril-Butadien-Styrol) zum Einsatz. Dort ersetzt es PVC für die Kantenbeschichtung. Für die Oberflächenbeschichtung war Styrol früher Bestandteil sogenannter Polyester-Lacke. Deren Bedeutung ist allerdings deutlich zurückgegangen. Bei der Herstellung von synthetischen Latexmatratzen spielt Styrol als Butadien-Styrol-Kautschuk eine Rolle.

Welche Gesundheits-Risiken ergeben sich durch Styrol?
Styrol ist leichtflüchtig und gelangt über die Atemwege schnell in den Körper. Dort schädigt es das Nervensystem und reizt die Schleimhäute. Es ist zudem fruchtschädigend und indirekt auch als krebserzeugend eingestuft. In seiner ausgehärteten Form als Polystyrol treten diese gesundheitlichen Wirkungen nicht auf. Dabei kommt es allerdings darauf an, dass die jeweiligen Kunststoffe möglichst vollständig ausgehärtet sind.

Welche Alternativen zu Styrol gibt es?
Im Oberflächenbereich können Sie gut auf styrolhaltige Lacke verzichten. Öle und Wachse wie auch Wasserlacke stellen in der Regel eine Alternative dar. Bei Möbelkanten sollten Sie darauf achten, dass diese mit ABS und nicht mit PVC beschichtet sind. Allerdings enthalten auch ABS-Kanten in geringem Umfang Weichmacher. Als Dämmmaterial können Sie auf natürliche Dämmstoffe wie Holzfaserdämmstoffe oder Zellulose zurückgreifen. Diese sind frei von Styrol. Sie stellen daher gesundheitlich und umwelttechnisch eine deutlich bessere Alternative zu Polystyrol dar.
(www.wohnen-sie-gesund.de, 2014)

Für die Dämmung über der Sohle innerhalb der Räume findet neben styrolhaltigem Hartschaum auch Mineralwolle Verwendung. Eine Alternative dazu stellen Schüttungen aus Perlite oder Blähton dar. Blähton wird aus blähfähigem Ton hergestellt, der bei 1200 °C gebrannt wird. Schaumglas wird aus Recyclingglas (Autoscheiben und Fensterglas) hergestellt. Die Rohstoffe Feldspat und Eisenoxid sind in der Natur fast unbegrenzt verfügbar. Aufgrund der Gefahr von Bauschäden würde ich für die Dämmung auf Betonsohlen von der Verwendung von Baustoffen absehen, die feuchtigkeitsempfindlich sind.

Schaumglas-Platte (www.foamglas.de)

Der Keller

Für viele Menschen ist ein Haus nicht komplett, wenn es keinen Keller hat. Die Wünsche für die Nutzung von Kellerräumen sind vielfältig und reichen vom Hobby- oder Partyraum über die Waschküche bis zum Besucher- und Arbeitszimmer. So positiv die Vorstellungen über eine spätere Nutzung sind, ist doch festzustellen, dass die Keller in den meisten Fällen doch zu Aufbewahrungsorten von Gerümpel verkommen. Hier stellt sich also die Frage, ob die Herstellung eines Kellers womöglich zu kostspielig würde und ob es nicht ökologischer wäre, weniger Gerümpel anzuhäufen und somit auch weniger Abstellfläche zu benötigen. Selbst die Überlegung, sein Eigentum länger zu nutzen und es, wenn es defekt ist, nicht jahrelang zu horten, kann die energieaufwendige Herstellung von zusätzlichem Kellerraum ersparen.

Feuchtigkeitsschutz durch Folien und Kunststoffe

Die statische Gründung eines Kellerraumes wurde bereits im vorherigen Kapitel angesprochen. Je häufiger die Räume im Keller zum Wohnen genutzt werden, desto sorgfältiger ist auf eine entsprechende bauphysikalisch richtige Konstruktion zu achten. Gerade im Kellerbereich bestehen, um die heutigen Standards zu erfüllen, kaum Möglichkeiten, die technischen Anforderungen mit ökologischen Mitteln zu erreichen. Je nach Bodenverhältnissen und Nutzung der Räume sind sowohl unter als auch über der Sohle zugelassene Folien zu verwenden. Die Kelleraußenwände müssen nach DIN gegen Feuchtigkeit mit Kunststoffen und Schutzfolien versehen oder in besonderen Fällen aus wasserdichtem Beton hergestellt werden. Bei sehr feuchten Bodenverhältnissen kann nicht auf eine Drainage verzichtet werden, bei der neben Kunststoffleitungen auch Drainageschächte und elektrische Pumpen zum Einsatz kommen. Hier ist eine regelmäßige Überprüfung auf die Funktionsfähigkeit und eine Kontrolle, dass die Leitungen nicht verstopft sind, erforderlich. Der energetische Aufwand, der sowohl mit dem Betrieb als auch mit der Herstellung solcher Anlagen verbunden ist, steht oftmals in keinem Verhältnis zur späteren Nutzung.

Alle Kellerwände sind mit einer Horizontalsperre gegen aufsteigende Feuchtigkeit auszustatten. Als Materialen werden hierfür zum Beispiel Bitumenpappen oder Sperrfolien aus Kunststoffen verwendet. Je nach Nutzung der Kellerräume ist neben dem Feuchtigkeitsschutz eine Wärmedämmung der Außenwände zum Erdreich vorzusehen. Hier wäre die alternative zu Kunststoffdämmungen wieder Schaumglas. Da Kellerräume im Normalfall nicht zum andauernden Aufenthalt von Menschen vorgesehen sind und die ökologischen Eigenschaften durch die Verwendung von Baustoffen zum Schutz vor Feuchtigkeit beeinträchtigt werden, kann man in diesen Räumen in Bezug auf die ökologisch-physikalische Qualität weniger strenge Maßstäbe ansetzen – nicht hingegen was die zusätzliche Belastung mit Schadstoffen durch die Einrichtung anbelangt. Weiterhin sollten Wohnräume ausreichend natürlich belichtet und belüftet werden können, was in Kellerräumen meistens nur ungenügend möglich ist.

Vielfach wird die Haustechnik noch im Keller untergebracht. Da aber die meisten Geräte inzwischen von der Geräuschentwicklung, von der Größe und den Abgaswerten nicht mehr unbedingt einen eigenen Raum benötigen, können durchaus auch andere Möglichkeiten der Unterbringung in den Normalgeschossen in Betracht gezogen werden. Zu der Haustechnik gehören auch die Ver- und Entsorgungsleitungen. Diese Ver- und Entsorgungsleitungen werden im Normalfall durch den Keller nach außen geführt. Hier sind inzwischen unterschiedliche Materialien in der Anwendung wie Eisen, Stahl, Kupfer, Kunststoffe und Verbundstoffe. Gerade für die Entsorgungsleitungen bietet sich zwar als etwas teurere, aber umweltfreundlichere Variante die Verwendung von PP-Rohren (Polypropylen) statt PVC-Rohren (Polyvinylchlorid) an. Eine weitere Möglichkeit wäre die Verwendung von Gusseisen- oder Steinzeugrohren, welche aber in vielen Fällen aus praktischen und auch finanziellen Gründen nicht zum Tragen kommen. Gusseisenrohre müssen zudem mit einem Rostschutz versehen werden, der zur chemischen Belastung der Raumluft und des Abwassers beitragen kann.

Installation von Ver- und Entsorgungsleitungen

Bei allen Leitungen für die Heizung oder Warm- und Kaltwasser, ist eine Wärmedämmung vorzusehen, deren Mindeststärke in der Energieeinsparungsverordnung (EnEV) geregelt ist. In fast allen Fällen werden zur Dämmung Kunststoffe gewählt. Es besteht aber auch die Möglichkeit, auf ökologische Stoffe wie Hanf, Flachs oder Schafwolle auszuweichen. In diesen Fällen ist der unterschiedliche Dämmwert zu berücksichtigen. Bei Kaltwasserleitungen sind bei dampfdurchlässigen Dämmstoffen Dampfsperren einzubauen, um abtropfendes Kondenswasser zu vermeiden.

Vorsicht bei veränderter Nutzung: Raumklima beachten

Im Verlauf des Gebrauchs der Kellerräume kann es zu Nutzungsänderungen kommen. Dadurch können sich die klimatischen Verhältnisse in den Kellerräumen verändern und Schäden wie Schimmelbildung auftreten. Über einen besonders interessanten Fall berichtete der Naturfarbenhersteller Biofa: Ein Hausbesitzer baute sich nach vielen Jahren in seinem Keller eine Sauna ein. Nach kurzer Zeit musste er feststellen, dass sich auf den Innenseiten der Außenkellerwände in erheblichem Umfang Schimmel gebildet hatte. Nach einer gründlichen Reinigung und Entfernung des vorhandenen Dispersionsanstriches wurden die Kellerwände mit Silikatfarbe gestrichen. In diesem Fall gelang es mit einem einfachen Mittel, dem Anstrich mit einer stark basischen Farbe, das Problem dauerhaft zu beseitigen.

Für die Innenausbaumaterialien sind beim Keller die gleichen Maßstäbe wie in den Wohnräumen zu setzen. Eine Besprechung erfolgt in späteren Kapiteln.

Die Außenwand

Eine Wohnung oder ein Haus soll uns vor Einflüssen der Umwelt schützen, vor fremden Blicken, vor Wind und Wetter und vor Gefahren gegenüber Leib und Leben. Schon sehr früh in der Geschichte der Menschheit zogen sich die Menschen zum Ruhen in Höhlen zurück, um dann im weiteren Verlauf selbst Behausungen wie Zelte oder Hütten zu erstellen. Im Laufe der Jahrhunderte wurden

Die Außenwand

die Hütten immer vollkommener und es entstanden Häuser, die durch ihre massive Bauweise dem Schutzbedürfnis der Menschen näher kamen. Die Häuser wurden aus Materialien gebaut, die die Umgebung hergab: Holz, Stein, Lehm, Stroh, Blätter und so weiter. Für die Wahl der Baustoffe spielten hauptsächlich die klimatischen Bedingungen und die natürlichen Vorkommnisse eine entscheidende Rolle.

Nur wenige Innovationen veränderten und verbesserten die Wohnverhältnisse so sehr wie das Formen von Steinen, die Herstellung eines Vorläufers von Beton, Lehm und das spätere Brennen dieser Lehmsteine zu Ziegeln oder die Herstellung von Fensterglas. Trotz allem war das Wohnen gerade in den nördlichen Breiten mit dem kalten und unbeständigen Klima nicht sehr gesund, denn die Häuser waren kalt, feucht und zugig. Erst in den letzten 150 Jahren fanden die wesentlichen Entwicklungen statt, die das Wohnen auf den heutigen Standard gebracht haben. Neben dem optischen Erscheinungsbild waren folgende Ansprüche noch bis in die Mitte des 20. Jahrhunderts maßgebend: ausreichende Belichtung und künstliche Beleuchtung, eine gleichmäßige Wärmeverteilung und eine gute Standfestigkeit. Diese Eigenschaften sollte ein Haus haben, das im Materialverbrauch bei der Erstellung sparsam und einfach zu bauen war. Energieeinsparen bei der Herstellung oder während des Betriebes stand damals noch nicht zur Debatte. So wurden noch in den 70er Jahren des 20. Jahrhunderts Häuser gebaut, deren Außenwände aus 24 cm dicken Kalksandsteinen und einer Putzschicht bestanden. Energie war noch preiswert zu bekommen!

Heutige Technik und Materialien schützen den Menschen optimal vor äußeren Einflüssen und hier setzt die Baubiologie an. Dabei steht man heute vor ganz neuen Herausforderungen. Denn gerade in den Industrieländern halten sich die Menschen zunehmend häufiger in Innenräumen auf. In den 1990er Jahren hielten sich noch 75% der deutschen Kinder zwischen sechs und 13 Jahren täglich zum Spielen im Freien auf. 2003 waren es

Konstruktion und Baumaterialien

schon weniger als die Hälfte (GEO 08/2010)! Auf diese Weise geht der Bezug zur Natur immer mehr verloren. Schutz ist gut, Abschirmung von der Natur ist schlecht. Daran ist zu erkennen, dass der Wahl der richtigen Baustoffe eine immer größere Bedeutung zukommt. Eine sorgfältige Auswahl ist nicht nur aus energetischen und umwelttechnischen, sondern auch aus gesundheitlichen Gründen und aus Verantwortung gegenüber den Bewohnern zu treffen.

Bedeutung der Luftaustauschrate

Die Verantwortung der Planer liegt also nicht nur darin, den physischen Grundschutz eines Gebäudes für die Bewohner zu gewährleisten, sondern auch dafür Sorge zu tragen, dass alle verwendeten Baustoffe keine negativen bauphysikalischen oder chemischen Eigenschaften haben. Diese Verantwortung wiegt umso schwerer, je mehr ihrer Zeit die Bewohner in den Wohnungen verbringen und je aufwendiger es wird, eine ausreichende Luftaustauschrate zu erreichen. Durch die immer höheren Anforderungen an den baulichen Wärmeschutz werden die Gebäude immer winddichter. Wenn dann die Luftaustauschrate nicht stimmt, ist die Gefahr der Schadstoffkonzentration und der Schimmelbildung schon bei minimalen Planungsfehlern oder Baumängeln ungleich höher. Hier überwiegen eindeutig die Vorteile der natürlichen Baustoffe gegenüber den heutzutage immer häufiger verwendeten künstlichen Baustoffen. Natürliche Baustoffe können Feuchtigkeit schneller aufnehmen und auch wieder schneller an die Umgebungsluft abgeben. Sie können prozentual mehr Feuchtigkeit ihres Gewichtes aufnehmen, ohne dadurch ihre positiven Eigenschaften zu verlieren und belasten die Raumluft nicht mit Schadstoffen. Natürliche Baustoffe sorgen für einen molekularen Luftaustausch zwischen Innen und Außen und es gelingt ihnen zum Teil durch ihre speziellen Eigenschaften, durch Speicherung von eventuell vorhandenen Schadstoffen die Raumluft zu entlasten.

Ideale Baustoffe für Umfassungswände

Ideale Baustoffe für die Umfassungswände des Hauses sind Holz in Form von Blockbohlen oder Ständerwerk, Ziegel als Dämmziegel wie Poropor, Poroton oder Unipor.

Die Außenwand

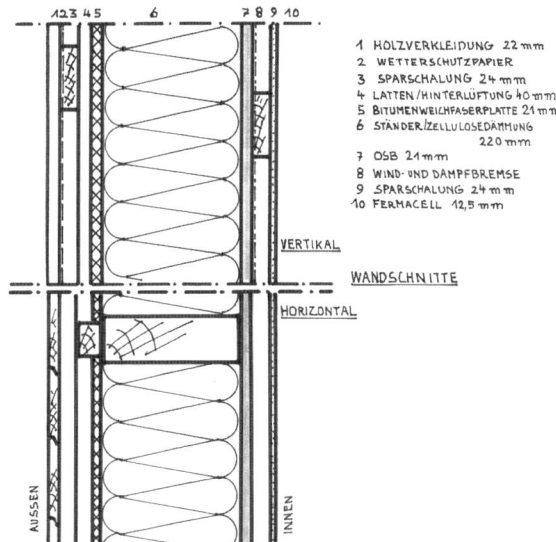

Holzständerwerk

Achtung: Veränderte Anforderungen an die Dämmung!
Im Zuge der immer höher werdenden Dämmanforderungen werden die Luftkammern in Porenziegeln mit zusätzlichen Dämmstoffen gefüllt! Hier kommt auch Styropor zum Einsatz, das für einen ökologischen Dämmstoff inakzeptabel ist. Weiterhin wird immer häufiger ohne Mörtel gearbeitet und stattdessen werden die Mauersteine mit synthetischen Klebern verklebt. Physikalisch besteht der Vorteil darin, dass ein homogener Wärmedurchgang erreicht wird und die Gefahr von Wärmebrücken sinkt. Dem Vorteil des geringeren CO_2-Ausstoßes des Gebäudes steht der biologische Nachteil einer zusätzlichen chemischen Belastung der Innenräume und einer eventuellen Umweltbelastung durch die Produktion der synthetischen Materialien gegenüber.

Selbstverständlich lässt sich auch Lehm, wie er schon seit Jahrtausenden verbaut wird, als Außenmauer errichten. Doch ist hier mit einem erhöhten

Konstruktion und Baumaterialien

Zeitaufwand im Bauablauf zu rechnen und es gibt wenige Handwerker, die Lehm fachgerecht verbauen können. Lehm ist in diesem Bereich ein anspruchsvoller Baustoff, der für das heutige schnelle und einfache Bauen nicht mehr zeitgemäß ist, insbesondere wenn es sich um Stampflehm handelt. Wer jedoch bereit ist, diese Eigenarten zu akzeptieren, sollte sich nicht scheuen, ein Lehmhaus zu errichten.

Aus der Praxis: Wir hatten einige Häuser mit luftgetrockneten Lehmrohlingen erstellt und als tragende Konstruktion ein Fachwerk vorgesehen. Der Witterungsschutz erfolgte mit einer vorgemauerten Fassade. Als Dämmung wurde Zellulose verwendet und zwischen der Dämmung und der Fassade befand sich eine Hohlschicht. Die Lehmziegel wurden im Innenbereich zwischen dem Fachwerk als Sichtmauerwerk belassen oder mit Lehm verputzt. In einem der Häuser strichen wir die Lehmwände mit farblosem Naturharzhartöl. Dadurch erhielten sie einen satten natürlichen Farbton, waren wischfest und sandeten vor allem nicht ab. Eine derartige Konstruktion vermag jede herkömmliche Baufirma zu errichten. Somit ist es für die Bauherren einfacher, ein kostengünstiges Angebot zu erhalten.

Dampfdurchlässigkeit beachten

Ziel einer guten Außenwand sollte eine hohe Dampfdurchlässigkeit sein. Optimal gegeben ist diese bei einer monolithischen Bauweise. Als tragende Konstruktion ist ein Leichtbauziegel in ausreichender Stärke vorzusehen, der dann zum Witterungsschutz verputzt werden kann. Bei dieser Konstruktion ohne weitere Dämmstoffe müssen jedoch Wandstärken gewählt werden, die nicht mehr zeitgemäß sind. Eine heute weit verbreitete Konstruktion für Außenmauern stellt die mehrschichtige Bauweise dar, insbesondere bei der nachträglichen Dämmsanierung von Altbauten. In den meisten Fällen wird Hartschaum oder Mineralwolle als Dämmschicht verwendet und der Witterungsschutz erfolgt durch Kunststoffputze oder Sichtmauerwerkattrappen. Hierbei handelt es sich um auf Kunststoffplatten verteiltes Verblendgranulat.

Die Außenwand

Selbst bei der Wahl von baubiologisch einwandfreien Materialien für das tragende Mauerwerk wird die Dampfdurchlässigkeit der Außenwandkonstruktion bei der Verwendung von Kunststoffen gemindert und damit das Klima in den Räumen durch diesen Aufbau negativ beeinflusst. Bei der Verwendung von Kalksandsteinen, Beton oder Leichtbetonsteinen ist bei konventioneller Verbauung zwar nicht mit einer Schadstoffbelastung durch diese Baustoffe zu rechnen. Eine negative Beeinflussung des Raumklimas durch die speziellen bauphysikalischen Eigenschaften ist jedoch auch bei diesen Materialien gegeben. Hier werden ebenso Mauersteine immer häufiger verklebt, was zu einer zusätzlichen chemischen Belastung führen kann, und Beton enthält diverse Zusatzstoffe. Eine gesunde Skepsis wäre sicherlich angebracht.

In manchen Fällen ist es sinnvoll, einen schweren Baustoff einzusetzen, um bessere Schalldämmwerte zu erreichen, zum Beispiel bei Trennwänden zu Treppenhäusern und Fahrstuhlschächten. Diese schwereren Baustoffe sind im Allgemeinen zusätzlich statisch höher belastbar.

Achtung: Elektrosmog.
Die Außenwände sollen uns vor den Gefahren der Umwelt schützen. Zu diesen Gefahren zählen nach Meinung vieler Menschen auch die künstlichen Strahlen, die durch eine Vielzahl von Sendern und Stromleitungen auf uns einwirken. Dass diese Strahlen vorhanden sind, ist messbar. Ihre Wirkung auf unsere Umwelt, auf Pflanzen und Tiere und auf den Menschen ist hingegen umstritten. Die Einschätzung der Gefahren stellt sich unterschiedlich dar. Menschen, die aus dem technischen Fortschritt auf diesem Gebiet wirtschaftlichen Nutzen ziehen, zählen im Allgemeinen zu den hartnäckigen „Verharmlosern". Andererseits sind im Bereich der Wissenschaft durchaus Stimmen zu vernehmen, die die Auswirkung dieser Strahlen auf den Menschen für gefährlicher einschätzen als die Auswirkungen durch chemische Substanzen – nicht für die einzelne Person, sondern

für die Menschheit an sich. Lebewesen sind durchaus in der Lage, sich über Generationen durch Anpassung an chemische Stoffe zu gewöhnen, im Hinblick auf E-Strahlungen ist dies jedoch nicht zu erwarten. Die Funktionen unseres Körpers werden durch kleinste elektrische Impulse aufrechterhalten, die durch äußere Einwirkungen alle Mal gestört werden können.

So klagte einer unserer Kunden darüber, dass ihn nach dem Errichten diverser Antennen auf dem Dach des Hauses, in dem er arbeitete, erhebliche gesundheitliche Einschränkungen plagten. Zu Hause auf dem Lande ließ das Unwohlsein sofort nach.

Für ein Ehepaar, das sich in ihrem Haus krank und unwohl fühlte nachdem auf einem Hochhaus in der Nähe mehrere Antennen installiert wurden, führten wir mit der Hilfe eines Baubiologen eine aufwendige Sanierung durch. Diese Sanierung umfasste in erster Linie eine Abschirmung vor den messbaren Strahlen der Sender als auch eine Sanierung des Hauses von chemischen Stoffen, hier vornehmlich PCP und Lindan. Mehrere Monate nach der kostenaufwändigen Sanierung bestätigten sie uns, dass sich ihr allgemeines Befinden erheblich verbessert hat und sie sich in ihrem Haus wieder wohl fühlen.

Sicherlich sind dies lediglich zwei Einzelfälle. Das Dilemma der Politik ist, zwischen dem Schutz einzelner und dem Funktionieren des Staatsgebildes als Ganzes entscheiden zu müssen. In der Regel bleibt das Interesse des Einzelnen bei unklaren Situationen auf der Strecke. Der beste Schutz vor Elektrosmog für den Einzelnen besteht daher darin, besonders gefährdete Gebiete zu meiden. Andernfalls haben wir nur die Möglichkeit, uns konstruktiv zu schützen. So gibt es beispielsweise besondere Fenster (siehe Seite 65). Als weitere Maßnahme sind Abschirmtapeten, Abschirmstoffe für Vorhänge oder Wandverkleidungen und Abschirmfarben erwähnenswert. Die richtige Maßnahme ist vor Ort mit dem Planer und einem Baubiologen abzustimmen. Bei unklarer Sachlage, inwiefern etwas schädlich oder nicht schädlich ist, gilt es, sich davor zu schützen und die Bedenken nicht achtlos beiseite zu schieben.

Tragende Konstruktion und Innenaufteilung

Die ersten Hütten in der Geschichte des Bauens waren ebenerdig und bestanden aus nur einem Raum, der zum Kochen, Essen, Wohnen und Schlafen für die ganze Familie diente. Bis heute ist dies in vielen Ländern Afrikas, Asiens und Lateinamerikas eine häufige Bauform geblieben. In den Industrienationen wurden die Wohnansprüche immer höher und neben den Einfamilienhäusern entwickelte sich eine Kultur der Mehrfamilienhäuser und der Büro- und Industriebauten mit spezialisierten Flächen und Räumen für unterschiedliche Nutzung. Neben der horizontalen Aufteilung von Flächen durch Innenwände gibt es die vertikale Aufteilung durch Geschossdecken. Die Bauteile erhalten neben der Funktion zur Trennung von Räumen eine technische Bedeutung. So können Innenwände sowohl tragend als auch nicht tragend sein. Geschossdecken sind hingegen immer statisch relevant. Allen Baukörpern ist gemein, dass sie je nach Größe und Funktion der Gebäude Brand- und Schallschutzbestimmungen einhalten müssen.

Für die tragende Konstruktion von Häusern und Wänden werden Holz, Kalksandstein, Stahl, Beton, Leichtbeton und Ziegel verwendet, entweder monolithisch oder in Mischform je nach bautechnischen Erfordernissen. Ökologisch betrachtet sind solche Baustoffe zu wählen, die eine energieneutrale Bilanz aufweisen, deren Eigenschaften die Raumluft verbessern und die nicht belastend wirken. Ziegel und Holzkonstruktionen sind ökologisch sinnvoller als Beton oder Kalksandstein. Ausnahmen müssen aus technischen Gründen gewählt werden. Beton oder Kalksandsteine haben zum Beispiel bessere Schallschutzwerte als Porenziegel.

Für alle Konstruktionen sind die Forderungen des Brandschutzes einzuhalten. Grundsätzlich gilt, je größer

Baustoffwahl: neutrale Energiebilanz und positive Auswirkungen auf die Raumluft beachten

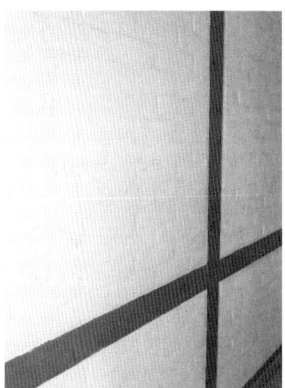

Innenfachwerk mit luftgetrockneten Lehmsteinen ausgemauert und mit Naturharzdispersionsfarbe gestrichen

das Haus und je umfangreicher seine Nutzung ist, desto höher muss die Brandschutzklasse sein. Einige ältere größere Häuser mussten zwischenzeitlich saniert oder sogar abgerissen werden, weil der Brandschutz mit Asbestverkleidungen oder Asbestanstrichen erfolgte. Bei den heute verwendeten Feuerschutzmaterialien ist die gesundheitliche Gefahr nicht mehr so offensichtlich wie bei Asbest und schwerer nachzuweisen. Für kleinere Häuser und Einfamilienhäusern wird lediglich ein normaler Brandschutz gefordert, der von allen zugelassenen Baustoffen erreicht wird.

Holz ist hierzu das beste ökologische Material. Aber Vorsicht: auch Holz kann seine Tücken haben!

Tipps zum Bauen mit Holz

Bauholz wird als Schnittware, Konstruktionsvollholz (KVH) oder Leimbinder angeboten. Schnittware ist das aus den getrockneten Stämmen gesägte Holz in den erforderlichen Querschnitten und Längen, wobei die mögliche Länge von der Größe des Stammes abhängig ist. Anders verhält es sich bei Konstruktionsvollholz, das mit Verzahnung zu größeren Längen verleimt und kammergetrocknet wurde.

Leimbinder oder Leimholz muss geforderte statische Eigenschaften und Dimensionen erfüllen, die die beiden vorgenannten Hölzer nicht bieten können. Aus diesem Grunde enthält Leimholz einen hohen Leimanteil, der dauerhaft die geforderten Eigenschaften beibehalten muss und somit für die Raumluft belastend wirkt. Daher kann Leimholz nicht als ökologisches Material angesehen werden. Deshalb sollte in einem ökologischen Haus auf Leimbinder verzichtet werden.

Um Holz nicht mit chemischen Mitteln behandeln zu müssen, sollte der Einbau so erfolgen, dass das Holz dauerhaft trocken bleibt (konstruktiver Holzschutz) und nicht durch holzzerstörende Pilze und Insekten gefährdet wird. Wer auf der sicheren Seite sein möchte, kann einen wirksamen vorbeugenden Holzschutz mit Borsalzen vornehmen. Diese reinen Borsalze werden von den Naturfarbenherstellern angeboten.

Tragende Konstruktion und Innenaufteilung

Holz kann nach dem Einschlag mit Insektiziden behandelt sein. Das Fällen der Bäume führt außerdem zur Naturzerstörung, wenn dem Wald mehr Holz entnommen wird als nachwächst. Um hier sicher zu gehen, sollten Sie FSC®-zertifiziertes Holz (Forest Stewardship Council) verwenden. Der waldzerstörende Einschlag von Holz wird vornehmlich in den Tropen betrieben. Da eine ausreichende Kontrolle des Holzeinschlages hier nicht gegeben ist und die Nachfrage nach Tropenholz, auch FSC®-zertifiziertes, das Zerstören der Urwälder fördert, sollte auf den Einsatz von Tropenholz ganz verzichtet werden. Eine weitere Problematik beim Holz kann die radioaktive Belastung sein. Vor allem betrifft es das Holz aus Gebieten, die durch den Tschernobylunfall besonders betroffen sind.

Nicht tragende Wände können mit den gleichen Materialien wie tragende Bauteile gebaut werden, jedoch sind die statischen Bedingungen zu berücksichtigen. Die am häufigsten gebauten nicht tragenden Wände, vor allem in ausgebauten Dachgeschossen, sind mit Gipskartonplatten verkleidete Ständerwände. Über den Gips werde ich in nachfolgenden Abschnitten berichten (siehe Seite 53). Je nach Erfordernissen können diese Wände in unterschiedlicher Qualität hergestellt werden. Das am häufigsten verwendete Ständerwerk hat als Unterkonstruktion Metallprofile. Für die ökologische Variante ist ein Holzständerwerk aus nicht imprägnierten Dachlatten oder besser aus Konstruktionsvollholz zu wählen, da damit maßhaltiger als mit Dachlatten gebaut werden kann. Für die Dämmung werden statt Mineralwolle zum Beispiel Schafwolle, die sich ähnlich leicht verarbeiten lässt, oder Zellulosedämmplatten eingesetzt. Eine weitere ökologische Möglichkeit für leichte Trennwände sind Strohlehmfertigplatten, die sich leicht und einfach aufstellen lassen.

Materialien für nicht tragende Wände

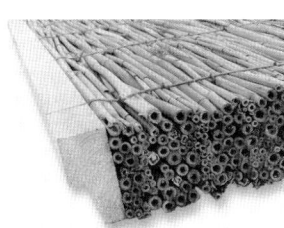

Trennwände aus Reet eignen sich hervorragend als Putzuntergrund (www.hiss-reet.de)

Das Hauptbaumaterial für Decken ist Beton. Vermehrt wird inzwischen wieder Holz eingesetzt. Für größere Gebäude kann auch schon einmal ein Stahlskelett errichtet werden.

Materialien für Decken und Fußböden

Konstruktion und Baumaterialien

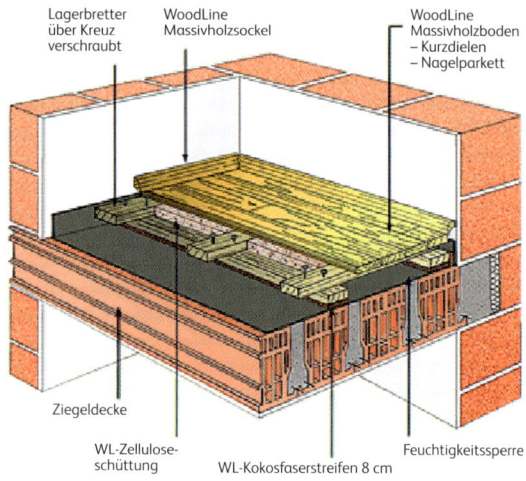

Bodenaufbau einer Ziegeldecke
(www.woodline.de)

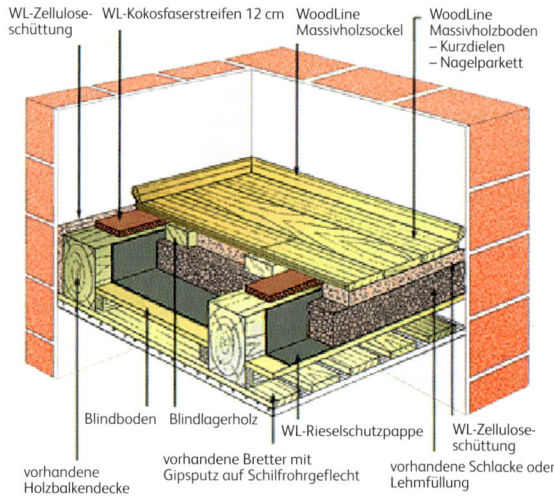

Ökologischer Holzfußbodenaufbau
(www.woodline.de)

Betondecken sind aus ökonomischer Sicht am wirtschaftlichsten zu bauen. Man erreicht schnell und einfach eine hohe Tragfähigkeit gepaart mit einer guten Luftschalldämmung. Der ökologische Wert ist jedoch in vielerlei Hinsicht fragwürdig. Ökologisch besser schneiden dagegen Holzbalkendecken ab. Wenn größere Schalldämmwerte erreicht werden müssen, kann durch den Einsatz von schweren Materialien in Kombination mit entsprechenden Dämmstoffen gearbeitet werden. Hier bieten sich unterschiedliche Konstruktionen an. Zwischen den Balken kann ein Einschub gebaut werden, der mit Quarzsand befüllt wird. Darauf kommt ein weicher Dämmstoff, zum Beispiel Zellulose oder Schafwolle. Statt Quarzsand können auch Ziegel oder Betonplatten als zusätzliches Gewicht dienen. Die Industrie bietet Ziegelsteine als Deckensystem an, die zwischen die tragenden Balken gehängt werden können.

Zur kompletten Decke gehört neben der tragenden Hauptkonstruktion der Fußboden. Die am häufigsten gebaute Konstruktion ist der schwimmende Betonestrich, der mit den konstruktiven Bauteilen keinerlei direkte Verbindung haben darf, um den Schallschutz zu verbessern. Um beim Einbringen von schwimmendem Estrich den Abstand zum aufgehenden Mauerwerk zu erreichen, werden meistens Schaumstoffstreifen ans Mauerwerk gelegt. Eine ökologischere Alternative stellen Streifen aus Wellpappe oder Jute dar. Weitere Materialien, um den späteren Belag aufzunehmen, sind Bitumenestrich und Trockenestriche aus Holzfasern (Zellulosefasern), die mit Gips oder Zement gebunden sind. Alle diese Baustoffe müssen auf einer weichen Dämmschicht gelagert werden, hier werden hauptsächlich Mineralwolle oder Styropor verwendet. Es können aber auch Materialien zum Einsatz kommen, die eine wesentlich bessere Ökobilanz als diese beiden Stoffe aufweisen. Dazu zählen zum Beispiel Zellulose, Holzweichfaserplatten, Flachs, Hanf, Kokos, Kork (Achtung: kann riechen), Blähton, Perlite und Vermiculit. Je nach Einsatz ist das entsprechende Material zu wählen.

Neben den oben genannten Böden, die als Tragschicht für die Nutzschicht dienen, gibt es noch Varianten, die beide Funktionen in sich vereinen. Hierzu zählen Dielenböden, Holzplattenböden (OSB), Kunststoffböden, die poliert werden, Fliesen, die im Mörtelbett verlegt werden, sowie geschliffene und polierte Terrazzofußböden in unterschiedlichen Farben.

Ein weiterer Bestandteil der Decke ist die Unterdecke, die im normalen Wohnungsbau wie die Wände direkt auf den Untergrund oder bei Holzbalkendecken auf eine Trägerschicht aus Rabitzmatten, Lochplatten, Schilfmatten, Jutegewebe oder Heraklithplatten geputzt wird. Die eingesetzten Putzmaterialien sind die gleichen wie bei den Wänden (siehe Seite 60).

Abgehängte Decken kommen hauptsächlich im Industrie- und Gewerbebau zum Einsatz und bieten Raum zur Führung der technischen Leitungen oder werden genutzt, um die Akustik in den Räumen zu beeinflussen. Hier wird das Material nach optischen und akustischen Eigenschaften ausgewählt. Aus ökologischer Sicht wählt man als Baustoff Holz, Weichfaserplatten oder Gipsplatten.

Achtung: Bausubstanz von Altbauten sorgfältig prüfen!
Viele Menschen glauben, dass ein Haus, welches um 1900 gebaut und seitdem nicht mehr wesentlich verändert wurde, in seiner Substanz ökologisch ist. Das stimmt leider nicht in vollem Umfang. Schon vor über 100 Jahren wusste man, dass Holz, das in Mauerwerk eingebunden war, vor Feuchtigkeit geschützt werden musste. Aus diesem Grunde wurde das Holz an den Auflagern mit Teer gestrichen – ein Nebenprodukt bei der damaligen Herstellung von Stadtgas. So geschah es auch im Haus einer meiner Kundinnen: Diese wohnte in einem alten Haus, in dem, zumindest offensichtlich, keine „schädlichen" Baustoffe verbaut wurden. Dennoch stellte sie in dem Haus einen teerartigen Geruch fest. Intensives Suchen nach der Quelle führte zu keinem Ergebnis, zumal die anderen Familienangehörigen den Geruch nicht wahrnahmen. Die letzte Möglichkeit boten die Köpfe der Holzbalken in den Decken. Um an diese Balken heranzukommen,

musste jedoch ein Teil des Dielenbodens aufgenommen werden. Die Familie entschied sich, diese Maßnahme auszuführen und tatsächlich: Auch hier wurde mit Teer gestrichen. Für die Familie war das ein Anlass, das Haus zu verkaufen und ein neues zu erwerben. Das neue Haus sollte auf jeden Fall ein gut erhaltenes altes Gebäude sein. Bei zwei weiteren Objekten stellten wir den gleichen Feuchtigkeitsschutz fest.

Teer sowie alle anderen Bitumenprodukte enthalten Aromaten. Aromaten sind langkettige Kohlenwasserstoffverbindungen, die zum Teil schwere gesundheitliche Auswirkungen auf den Menschen haben können. Aromaten sind zum Beispiel Toluol, Xyluol und Benzol, um nur einige zu nennen. Es ist schon erstaunlich, dass einige Menschen den Geruch dieser Stoffe auch über 100 Jahren nach ihrer Verarbeitung noch feststellen können. Daraus lässt sich schließen, dass nach dieser langen Zeit noch Auswirkungen auf den Menschen zu befürchten sind, selbst wenn die meisten dieser Ausgasungen messtechnisch nicht mehr nachgewiesen werden können.

Das Dach

Warme Luft steigt nach oben. Das hat zur Folge, dass gerade das Dach eine Hauptquelle für Wärmeverluste bei Gebäuden darstellt. Eine ausreichende Dachdämmung steht im Interesse des Umweltschutzes und natürlich aus ökonomischer Sicht auch im Interesse der Hersteller von Wärmedämmmaterialien. Da der weitaus größte Anteil der Dachdämmungen mit Mineralwolle und auch Hartschäumen ausgeführt wird, liegt es im Bestreben der Hersteller dieser Materialien, die ökologische Qualität eines Hauses auf die Stärke der Dämmschicht zu reduzieren. Aus ökonomischer Sicht sind die Produzenten vor allem daran interessiert, möglichst viel Dämmmaterial zu verkaufen. Die Rechte der Bewohner der Häuser auf klimatisch optimale und schadstofffreie Bedingungen sollen im Interesse dieser Hersteller möglichst nicht thematisiert werden.

Das Dach

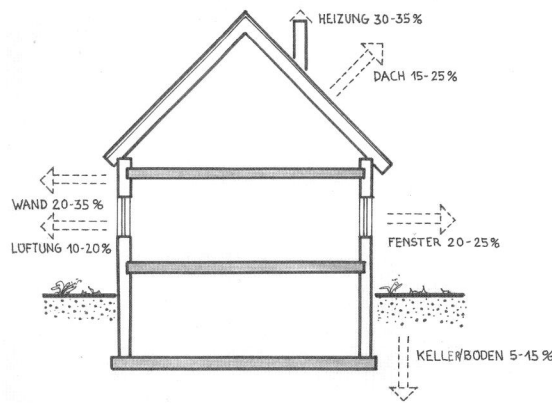

Wärmeverlust je Gebäudeteil

Es gilt auch hier wieder, dass die Dämmeigenschaften der Stoffe nur *einen* ökologischen Aspekt darstellen. Dämmstoffe sollten mit möglichst wenig Energieaufwand hergestellt werden, bei der Produktion und nach dem Einbau nicht Menschen und Umwelt belasten, keine großen Transportwege erfordern und möglichst dauerhaft ihre speziellen Eigenschaften behalten. Die Energieeinsparungen sollten den Energieaufwand der Herstellung spürbar übertreffen. Das trifft leider für die am häufigsten verwendeten Dämmstoffe nicht im vollen Umfang zu, wie die nachfolgenden Beispiele beweisen:

Es ist noch nicht sehr lange her, da kam ein älterer Handwerker in unser Geschäft und erzählte, er habe bisher nur Mineralwolle für Dämmarbeiten eingesetzt und hielte wenig von alternativen Dämmstoffen. Nun habe er mit einem neuen Auftrag begonnen, bei dem er vorab eine Dämmung entfernen musste, die er vor circa 20 Jahren eingebaut hatte. Zu seinem Erstaunen war von der 16 cm dicken Dämmung nach dieser Zeit nur noch weniger als die Hälfte der Höhe nachgeblieben. Das werde ihn veranlassen, nie wieder für solche Dämmarbeiten derartiges Material zu verwenden. Ein anderer Kunde bat mich, die Räume in seinem kürzlich erworbenen Reihenhaus anzusehen. Auf den Lampenschirmen, Leisten

Den richtigen Dämmstoff finden

Konstruktion und Baumaterialien

und Möbeln hätte sich ein gelber Staub abgesetzt. Dieser gelbe Staub erwies sich als Mineralwollstaub, der durch nicht sachgerechte Ausführung bei den Bauarbeiten und damit auftretender Zugluft durch offene Fugen in die Räume geweht wurde.

Vorsicht im Umgang mit Mineralwolle

Nun haben Mineralwolle, Glaswolle und auch Steinwolle die unangenehme Eigenschaft, quer zur Faser zu brechen und spitze, lungengängige Fasern zu bilden, die sich in die Lungenbläschen festsetzen und zu permanenten kleinen Entzündungen führen können. Dieses Problem wird von den Herstellern nicht thematisiert. Stattdessen wird darauf hingewiesen, der richtige Einbau von Dämmstoffen befinde sich auf der Außenseite des Hauses und selbst wenn dort Stäube frei würden, gelangten sie nicht in die Innenraumluft. Das von mir besichtigte Haus bewies das Gegenteil. Sicherlich ein Einzelfall, doch wie viele solcher Einzelfälle gibt es tatsächlich? Und wird stets so viel Mineralwollstaub freigesetzt, dass er sichtbar und wahrnehmbar ist?

Die durch Mineralwolle freigesetzten Stäube haben bei Tierversuchen Krebs ausgelöst, ähnlich wie bei Asbest (vgl. MAK-Wert-Liste, Abschnitt III, Gruppe 2). Aufgrund dieser Ergebnisse wurde die Mineralwolle durch eine Expertengruppe neu eingestuft: „war bei Tierversuchen Krebs auslösend". Nicht minder erschreckend lesen sich die Richtlinien der Berufsgenossenschaft der Bauwirtschaft zum Umgang mit Mineralwolle. Darüber hinaus wird selten angesprochen, dass Mineralwolle mit 0,5 % – 7 % künstlichen Bindemitteln (Phenolharze) versehen ist und somit zusätzlich Kunststoffe enthält.

Auch bei dem am zweithäufigsten verwendeten Baustoff, den Hartschaumplatten aus Styropor oder Polyurethan, handelt es sich um Kunststoffe, deren Auswirkungen auf Lebewesen nicht gänzlich geklärt sind. Neben der Problematik von Schadstoffen in Hartschaumplatten, ist zu bedenken, dass dieses Material bei den immer dicker werdenden Dämmschichtstärken schnell zur Verbreitung von Bränden beitragen kann.

Alternative Dämmstoffe

Alternativ bieten sich Dämmstoffe aus natürlichen Materialien an wie Kork, Weichfaserplatten, Zellulose-

Das Dach

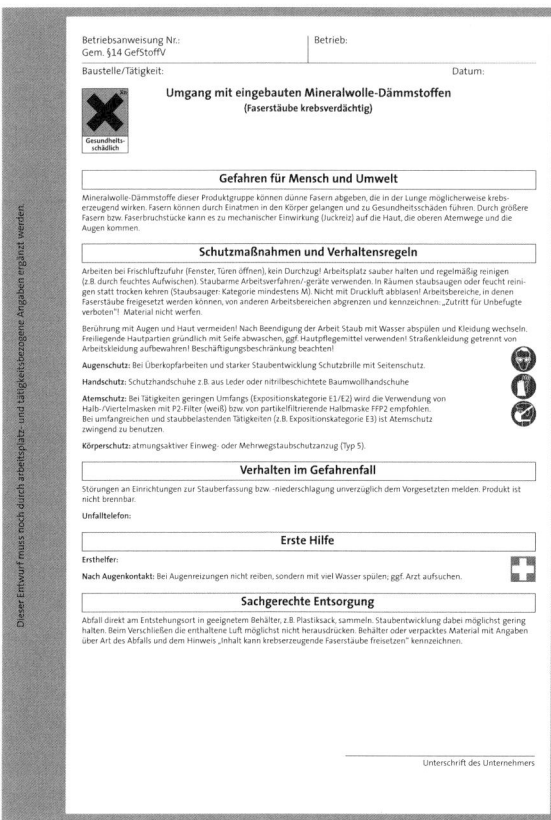

Richtlinien der Berufsgenossenschaft der Bauwirtschaft zum Umgang mit Mineralwolle

dämmwolle, Schafwolle, Flachs, Hanf, Blähton und Perlite. Nicht jeder dieser Dämmstoffe ist uneingeschränkt für die Dachdämmung geeignet. Deshalb ist es wichtig, dass der Planer je nach den konstruktiven und ökonomischen Erfordernissen den richtigen Dämmstoff einsetzt. Nicht jeder als natürlich bezeichneter Dämmstoff erfüllt die ökologischen Kriterien im vollen Umfang und es ist wichtig, die Eigenschaften sinnvoll zu hinterfragen. Hanf zum Beispiel kann auch mit einem Kunststoffanteil auf Polyesterbasis von über zehn Prozent hergestellt werden und dennoch wird dieses Material als natürlicher Dämmstoff bezeichnet und vertrieben.

Konstruktion und Baumaterialien

Aus der Praxis: Selbst ökologisch einwandfreier Naturdämmstoff kann seine Tücken haben. Einer unserer Kollegen hatte bei einer nachträglichen Dämmung im Dach Korkplatten eingesetzt. Da Dämmkork bei über 800 Grad gebacken wird, entsteht ein deutlich wahrnehmbarer Eigengeruch. Eingebaut in einer Dachkonstruktion ist dieser Geruch normalerweise nicht festzustellen, es sei denn, man reagiert äußerst sensibel auf Gerüche wie der Kunde unseres Kollegen. Auch für mich war in den Räumen kein Korkgeruch festzustellen, aber letztendlich wurde der Handwerker gerichtlich verurteilt, die vorhandene Dämmung zu entfernen und mit einem anderen Dämmstoff neu auszuführen. Der Schaden für den Handwerker belief sich auf über 10.000 Euro. Ein anderer Kunde erzählte mir, dass der von ihm als Fassadendämmstoff verwendete Kork von Ameisen zerbröselt wurde.

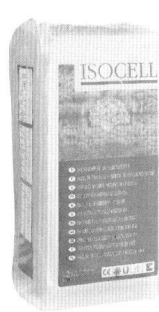

Zellulosedämmstoff wird in Säcken geliefert (www.isocell.at)

(www.isocell.at)

Zellulosedämmwolle ist derjenige natürliche Dämmstoff, der mit Abstand am häufigsten eingesetzt wird. Das liegt daran, dass er der günstigste Naturdämmstoff ist. Dieser Dämmstoff wird aus recyceltem Altpapier hergestellt. Jedoch bestehen bei Zellulosedämmstoffen Qualitätsunterschiede. Es gibt Produkte, die beim Einbau weniger stauben und auch die Einbaugewichte können bei gleicher Dämmleistung unterschiedlich sein. Da Zellulosedämmstoff kiloweise verkauft wird, kann es schon vorkommen, dass sich ein vordergründig günstigeres Material nach dem Einbau als teurer erweist.

Lose eingeblasene Dämmstoffe haben den Vorteil, dass sie sich gleichmäßig im Bauteil verteilen. Damit erreichen sie auch eine gute Dämmwirkung in problematischen Flächen, die dann insgesamt winddichter sind als mit eingebauten Matten oder Platten. Die Mineralwollindustrie bietet inzwischen auch einen Einblasdämmstoff an, der technisch für die Dachdämmung die gleiche Qualität wie Zellulose aufweist, aber nicht deren ökologische und physikalische Vorteile bietet.

Ein wesentlicher Faktor für den Erfolg von Dämmmaßnahmen ist die Winddichtigkeit der Konstruktion.

Das hat auch der Gesetzgeber erkannt. Deshalb werden die gesetzlichen Anforderungen an die Wärmedämmeigenschaften von Häusern immer strenger auch mit Hinblick auf die Winddichtigkeit gefasst. Die Maßnahme ist sicherlich vor dem Hintergrund der Energieverknappung sinnvoll, doch erfordert die Erfüllung dieser Ansprüche eine neue Generation von Klebstoffen, um die Winddichtigkeit zwischen unterschiedlichen Baustoffen und an Fugen zu erreichen. Damit die Klebstoffe effektiv sind, müssen sie sowohl unter ungünstigen klimatischen Bedingungen und problematischen Oberflächen der miteinander zu verklebenden Baustoffe einwandfrei funktionieren als auch über Jahrzehnte dauerhaft halten. Selbst ökologisch gebaute Häuser können aus baurechtlichen Gründen nicht mehr auf diese Klebebänder verzichten. Die Inhaltsstoffe dieser Kleber sind problematisch und deren Auswirkung auf die Innenraumluft und auf den Menschen nicht ausreichend erforscht.

Verwendung von Klebstoffen

Hier stellt sich wieder die Frage, ob es wirklich der richtige Weg ist, Energiesparen als rein technisches Problem zu sehen. Wäre es nicht ebenso wichtig, unser Denken und damit unsere Gewohnheiten und Ansprüche zu ändern? Ein nach den neuesten energetischen Erfordernissen gebautes Haus mit 400 Quadratmetern Wohnfläche benötigt zum Betrieb mehr Energie als ein Standardhaus. Ökologisch leben heißt nicht, seine ausufernden Ansprüche mit einem höchstmöglichen technischen Aufwand zu befriedigen, sondern sich darüber Gedanken zu machen, was wirklich benötigt wird, um ein glückliches, erfülltes, gesundes und zufriedenes Leben zu genießen. Die Werte unserer Gesellschaft müssen in einen neuen Fokus gerückt werden. Die Menschen, deren Lebensweise kritisch und bewusst ist, sollten die höhere Anerkennung finden und nicht die Menschen mit dem schnellsten Auto, mit dem größten Haus und dem verschwenderischen Einsatz von Statussymbolen.

Zu einem hoch gedämmten Dach gehört außerdem die Berechnung des Taupunktes und der damit verbundenen Bestimmung der Dampfbremse oder Dampfsperre. Ökologische organische Baustoffe haben gegenüber

Bestimmung von Taupunkt und Dampfbremse

mineralischen Dämmstoffen auch hier Vorteile, denn unter bestimmten Voraussetzungen kann auf eine Dampfbremse verzichtet werden, ohne dass die Konstruktion feucht wird und dadurch zu Schaden kommt. Die Naturstoffe besitzen die Eigenschaft, mehr Feuchtigkeit zu binden ohne dabei ihre Dämmeigenschaften zu verlieren. Andererseits können sie die gespeicherte Feuchtigkeit auch sehr schnell wieder abgeben. Sie bieten zusätzlich eine bessere Dampfdurchlässigkeit, was vor Konstruktionsschäden schützt und das Raumklima verbessert. Als Dampfbremsen können neben unterschiedlichen Folien aus Metall oder Kunststoffen auch mit Polyethylen oder mit Wachs beschichtete Pappen dienen. Eine bauphysikalisch einwandfreie Konstruktion hat eine zur warmen Bauseite hin abnehmende Dampfdurchlässigkeit.

Schutz vor sommerlicher Hitze

In unseren Breitengraden ist die Aufgabe, die Wärme im Winter im Haus zu halten, technisch einfacher zu lösen als die sommerliche Hitze auszusperren. Wir alle kennen das Problem in ausgebauten Dachgeschossen. Oftmals wird es im Dachgeschoss schon nach einem heißen Tag unerträglich warm und an einen erholsamen Schlaf ist nicht mehr zu denken. Weil die Räume so gut gedämmt sind und viel Speicherflächen haben, hält sich die Wärme noch weit über die Hitzeperiode hinaus. In südlichen Gefilden kommt dem sommerlichen Wärmeschutz eine noch größere Bedeutung zu. Eine Möglichkeit, die Räume vor übermäßiger Aufwärmung zu schützen, ist das richtige Lüften. Nachts müssen die Fenster geöffnet sein, damit die Nachtluft die Räume auskühlen kann und tagsüber sollte man die Fenster geschlossen halten und gegebenenfalls mit einem Sonnenschutz versehen. Es gibt Glassorten, die durch ihren Aufbau eine zu starke Erwärmung der Räume besser vermeiden.

Je schwerer und dicker ein Bauteil ist, desto länger benötigt die Hitze des Tages, das Bauteil aufzuheizen. Sie können diesen Effekt leicht selbst erfahren, indem Sie an warmen Tagen alte Gebäude mit sehr starken Außenwänden aufsuchen. Das Klima in diesen Gebäuden ist merklich kühler. Je mehr Wärme ein Bauteil speichern kann, desto länger dauert es, bis die Wärme auf der Innenseite in abgekühlter Form ankommt. Wenn die Wärme nun zehn Stunden benötigt, um an der Innenseite des Bauteils anzukommen, kann die Mittagshitze nachts durch Lüften aus dem Raum abgeführt werden (www.inaro.de, Dämmung, Sommerlicher Wärmeschutz 2012). Dämmstoffe aus nachwachsenden Rohstoffen haben eine bis zu doppelt so gute Wärmespeicherfähigkeit wie Mineralwolle oder Styropor und sind deshalb für den sommerlichen Wärmeschutz besser geeignet.

Trotz allem ist die wesentliche Eigenschaft für einen guten sommerlichen Wärmeschutz die Qualität der Wärmedämmung für die gesamte Konstruktion, denn ein Dämmstoff, der im Winter die Räume vor zu starkem Wärmeverlust schützt, schützt im Sommer anders herum vor zu starker Aufwärmung. Je besser die Luftdichtigkeit der Hülle und je geringer die Fensterfläche ist, desto weniger heizen sich die Räume auf.

Auf der Innenseite einer Dachkonstruktion bei einem ausgebauten Dachgeschoss werden heutzutage überwiegend Gipskarton- oder Gipsfaserplatten verwendet. Ökologisch sind diese Platten gleichwertig. Die Wahl der richtigen Platten liegt zum einen in den Anforderungen, die die Konstruktion und die Raumnutzung an das Material stellen, sowie im Anspruch des Anwenders.

Innenverkleidung der Dachkonstruktion

Gips wird in der Bauindustrie entweder aus Naturvorkommen gewonnen oder ist ein Abfallprodukt der Rauchgasentschwefelung in Kraftwerken. Beide Arten von Gips haben Nachteile. Bei dem natürlich gewonnenen Gips findet ein Eingriff in die Natur statt. Der Gips aus der Entschwefelung von Rauchgasen bei der Verbrennung von Braun- und Steinkohle kann schadstoffhaltige Verunreinigungen enthalten. Durch die Rauchgasentschwefelung wird ausreichend Gips für die Baustoffindustrie produziert und das örtliche Ökosystem geschont. Etwa 90 Prozent der Schwefelverbindungen aus den Abgasen können entfernt werden. Dennoch ist die Betreibung von Braunkohle- und Steinkohlekraftwerken umweltpolitisch fragwürdig. Die Bewohner der Häuser müssen sich bei Gips zwischen der Zerstörung von Naturlandschaften oder einer eventuell möglichen Schadstoffbelastung in den Räumen entscheiden. Handelsübliche Gipsspachtel enthalten unter Umständen bis zu zehn Prozent Dispersionspulver auf Kunststoffbasis und können als synthetische Zusätze sowohl Beschleuniger als auch Verzögerer beinhalten. Die ökologischen Alternativen werden von Naturfarbenherstellern angeboten.

Materialübergänge bei Konstruktionsbaustoffen beinhalten immer die Gefahr der Rissbildung. Allgemein wird bei den Übergängen dauerelastisches Fugenmaterial aus überstreichbarem Acrylat verwendet. Möchte man auf dieses Material verzichten, bietet sich eine Schattenfuge an, die durch bewusstes Trennen der unterschiedlichen Wandteile erreicht wird. Weitere Materialien für die Decken- und Wandverkleidungen sind Holz, OSB- Platten (Oriented Strand Board, wobei „strand" für die Holzspäne steht) und unterschiedliche Putze aus Kalk, Kalkzement und Lehm.

OSB-Platte
(www.agepan.de)

Bei den Putzen muss vorher ein Putzträger angebracht werden, Holzwolleplatten, Metallgewebe und Schilfrohrmatten finden hier überwiegend Verwendung. Für das ökologische Haus sind die Schilfrohrmatten die beste Wahl.

OSB-Platten sind in der Optik und ökologisch den normalen Spanplatten vorzuziehen. Durch ihre Struktur haben die OSB-Platten dampfbremsende Eigenschaften. OSB-Platten werden mit unterschiedlichen Bindemitteln hergestellt. Die guten Platten sind sehr formaldehydarm aber trotzdem nicht völlig unbedenklich, da sie 2,5 % Isocyanate als Bindemittel enthalten. Nach Angaben der Hersteller sollen diese Isocyanate in den Platten vollständig gebunden sein und nicht in die Raumluft abgegeben werden. Diese Isocyanate sind in den Platten und der Raumluft zurzeit mit technischen Mitteln tatsächlich selten nachweisbar, jedoch finden sich immer häufiger Isocyanat-Antikörper im menschlichen Körper. Somit ist davon auszugehen, dass die OSB-Platten negative Auswirkungen auf die Innenraumluft haben. Auf jeden Fall belastet die Herstellung der Platten die Umwelt. Dennoch werden auch in vielen Ökohäusern OSB-Platten angeboten (www.baubiologie-regional, Isocyanate in OSB-Platten als k.o.-Kriterium? 2012).

Eine weitere Möglichkeit des ausgebauten, geneigten Daches ist das Massivdach aus Beton, Ziegel oder Leichtbeton in Kombination mit Holzsparren oder gänzlich ohne Holzanteile. Das höhere Gewicht solcher Konstruktionen erfordert allerdings einen größeren statischen Aufwand, der sich in den Kosten bemerkbar macht.

Wie bei den Umfassungswänden sollte aus ökologischer Sicht die Entscheidung auf das Ziegeldach fallen. Ein wesentlicher Vorteil von Massivdächern ist, dass sie die gleichen physikalischen Eigenschaften wie ein Mauerwerk besitzen und aus diesem Grunde auch im ausgebauten Dach einen guten sommerlichen Wärmeschutz wie in den Geschossen darunter bieten. Weitere Vorteile sind die geringere Gefahr der Rissbildung und ein besserer Schallschutz.

Montieren eines Ziegelunterdaches (www.ziegeldecke.de)

Auf die Außenseite eines Daches gehört unter die Dachdeckung ein Wind- und Regenschutz. Dafür werden dampfdiffusionsoffene Folien oder wasserabweisende Weichfaserplatten verwendet. Die Folien bestehen aus witterungsbeständigem Polyethylen oder Polyester. Bei den Weichfaserplatten handelt es sich um bituminierte oder mit Wachs behandelte Platten. Beide Plattenarten eigenen sich für ökologische Häuser. Die wachsbehandelten Platten sind jedoch vorzuziehen. Das Problem stellen wieder die Klebestreifen dar, die die Stöße der Platten überdecken müssen. Technisch sind sie notwendig, ökologisch jedoch abzulehnen.

Wind- und Regenschutz

Aus der Praxis: Die ersten Häuser hatten wir mit den bituminierten Unterdachplatten ohne Verklebung gedeckt und können auch nach 20 Jahren feststellen, dass keine Bauschäden eingetreten sind. Es handelte sich aber ausschließlich um Häuser mit einer Dachneigung über fünfundvierzig Grad. Bei einem der Häuser war das Unterdach sogar über den Winter fast sechs Monate offen, ohne dass in dieser Zeit Durchfeuchtungen bei den Unterdachplatten aufgetreten sind. Nicht abgeklebte Plattenstöße erfüllen

Konstruktion und Baumaterialien

> allerdings nicht mehr die heutigen Anforderungen an die Winddichtigkeit.

Die äußere Dachhaut schützt das Haus und die Konstruktion vor den Witterungseinflüssen, vor allem bei Regen. Bei extremen Situationen wie Stürmen oder Pulverschnee sind Durchfeuchtungen trotz sorgfältiger Ausführung zu erwarten. Früher wurden Dachpfannen auf der Unterseite in Bitumen (Pappdocken) eingeschlagen oder die Fugen mit Mörtel verschmiert. Diese Techniken sind heute nicht mehr zugelassen, da auch sie keinen dauerhaften Schutz bieten. An ihre Stelle tritt das Unterdach. Es bietet zusätzlich eine erhöhte Winddichtigkeit und verbessert damit den Dämmwert des Hauses. Die Weichfaserplatten haben zusätzlich noch weitere wärmedämmende Eigenschaften. Zwischen der Dachhaut und dem Unterdach muss sich eine Luftschicht befinden, im Idealfall von vier Zentimetern. Dadurch entsteht ein Kamineffekt und auftretende Feuchtigkeit (Kondensat) kann sicher abgeführt werden. Bei einem Unterdach wird diese Luftschicht mit Konterlattung und der normalen Dachlattung erreicht. Diese Hölzer sind im Handel normalerweise nur imprägniert zu bekommen. Ich empfehle den Einsatz von Rohware, denn das Risiko einer Holzzerstörung ist zu vernachlässigen. Der Abtransport der überschüssigen Feuchtigkeit erfolgt hauptsächlich durch die Luftgeschwindigkeit (Kaminwirkung) in dieser Schicht. Die Kaminwirkung hat aber zur Folge, dass sie in einen porösen Dämmstoff einige Zentimeter hinein wirken und so dessen Dämmleistung senken würde. Die Abdeckung mit einem glatten Unterdach verhindert diesen Effekt.

Empfehlungen für verschiedene Dachformen

Die in Deutschland am häufigsten vorkommende Dachform ist das Steildach und hier besonders das Satteldach mit einer Dachneigung von 45 Grad oder steiler. Zur Deckung werden in den meisten Fällen Dachpfannen aus Beton verwendet. Alternativen hierzu sind Metalldeckungen in Blei, Kupfer, Zink oder Blech, Pfannendeckung aus Ton sowie Kunststoffpfannen, Eternitdeckungen (inzwischen asbestfrei), Holzschindeln und Strohdächer. Eine Empfehlung kann nach den ökologischen Kriterien gegeben werden: geringstmöglicher Energieverbrauch bei der Herstellung, dem Transport und der Verarbeitung; langlebig und wenig Unterhaltspflege; witterungsbeständig; ohne Belastung für den Menschen und die Umwelt bei der Gewinnung, der Herstellung und dem fertigen Produkt; ausreichende Verfügbarkeit der Rohmaterialien und weitestgehend dampfdiffusionsoffen in der Konstruktion. Sicherlich kommt das Tondach diesen Forderungen am nächsten, auch wenn man Stroh- und Schindeldächer ebenfalls als ökologisch bezeichnen darf und Betonpfannen tolerierbar sind.

Eine Sonderart des Daches ist das Gründach. Die technischen Ansprüche der Bauherren an eine wartungsfreie Ausführung ermöglichen es nicht, ein Gründach in ökologischer Qualität herzustellen. Die aus diesem Grunde zur Dichtung erforderlichen Folien und deren Verklebungen genügen nicht den ökologischen Ansprüchen.

Sicherlich hat das Gründach in Ballungsgebieten einen Sinn, da durch den Pflanzenbewuchs der Anteil der Grünflächen steigt, das Mikroklima im Außenbereich verbessert wird und die Staubbelastung sinkt. In Wohngegenden mit einer geringen Verdichtung und einem hohen Landschaftsanteil kann man dem Gründach lediglich eine optische Qualität zusprechen. Anders verhält es sich, wenn die Bauherren während der Nutzung

Haus mit Gründach
(www.re-natur.de)

bereit sind, dem Dach eine ausreichende regelmäßige Pflege zukommen zu lassen, um Leckagen zu vermeiden. Dadurch wird der technische Herstellungsaufwand begrenzt, der Materialeinsatz niedrig gehalten und der prozentuale Anteil von ökologischen Baustoffen an der Konstruktion wächst. Auf der Internetseite www.re-natur.de erhalten sie ausführliche Informationen zum Thema.

Neben den Steildächern spielen die Flachdächer eine erhebliche Rolle, vor allem im Büro- und Industriebau. Je niedriger die Dachneigung, desto höher ist der technische und handwerkliche Aufwand der betrieben werden muss, um die dauerhafte Dichtigkeit dieser Dachform zu gewährleisten. Sowohl in der Konstruktion als auch bei der Dämmung können ökologische Materialien verwendet werden. Für die Dichtung kommen allerdings Teer- oder Kunststoffprodukte zum Tragen. Die Andichtung an andere Bauteile erfolgt mit Metallen, Folien und dauerelastischem Fugenmaterial – alles in allem umweltbelastende, durch ihre dampfdichten Eigenschaften für das Raumklima ungünstige Stoffe und Materialien, die teilweise Schadstoffe enthalten und zusätzlich bei der Herstellung einen hohen Energieaufwand erfordern.

Ein akzeptables Raumklima ist zumindest bei belüfteten Flachdächern (Kaltdach) zu erreichen. Hier wäre eine Ziegeldecke oder eine Holzbalkendecke zu empfehlen. Als Dämmung und Innenverkleidung können dieselben Materialien verwendet werden, die auch bei Steildächern zum Einsatz kommen. Technisch hat das Kaltdach gegenüber dem nicht hinterlüfteten Flachdach (Warmdach) den Vorteil, dass durch die Belüftung sowohl das Aufheizen der Innenräume im Sommer geringer als auch die thermische Belastung der Dachhaut niedriger und dadurch die Rissbildungsgefahr nicht so groß ist. Beim Kaltdach sind die Dampfdiffusionsprobleme einfacher zu lösen.

Biologischer Regenabfluss

Die äußere Dachhaut sollte auf jeden Fall regendicht sein. Mit besonderer Sorgfalt ist bei Anschlusspunkten zu anderen Bauteilen zu arbeiten. Weiterhin muss das Regenwasser vom Haus weggeführt werden. Dies geschieht mit Regenrinnen, Fallrohren oder Ketten. Für jene Maßnahmen kommen unterschiedliche Baustoffe aus Metall (Zink, Kupfer, Blei, Eisen) und Kunststoffe zum Einsatz. Die Baustoffe sind energieaufwendig in der Herstellung und schon aus diesem Grunde eine Belastung für unsere Umwelt. Dennoch gibt es häufig kaum eine Möglichkeit, im Hausbau auf diese Stoffe zu verzichten. Eine Auswahl ist nach dem Energieeinsatz bei der Herstellung, der Verfügbarkeit, den Möglichkeiten der Wiederverwertung und einer umweltgerechten Entsorgung zu treffen.

Wer sich für Regenrinnen und Fallrohre aus Kunststoff entscheidet, sollte Polyethylen (PE) dem Polyvinylchlorid (PVC) vorziehen. Eine Möglichkeit, zumindest bei den Dachrinnen auf diese Baustoffe zu verzichten, wären Holzregenrinnen, der Ablauf würde über Ketten oder mit Auslaufkopf erfolgen. Man muss sich aber darüber im Klaren sein, dass Holzrinnen erheblich teurer werden, nicht zu jedem Hausstil passen, dass sie pflegeaufwendig und weniger dauerhaft sind.

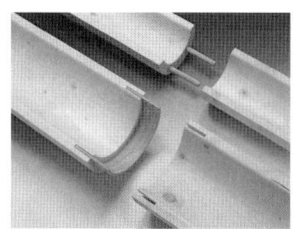

Holzdachrinne (www.holzschindel.at)

Der Putz

Käufern werden vor Vertragsunterzeichnung von Bauträgern oder Architekten häufig die Vorzüge der Baumaterialien ihrer Häuser erklärt, ohne dass diese ein fundiertes Wissen darüber haben. So glaubt man dem Versprechen, es handelt sich zum Beispiel beim Putz um einen reinen Kalkzementputz. Ein Kalkzementputz besteht aus Sand, Kalk, Zement und Wasser. So jedenfalls sollte es sein und die meisten gehen davon aus, dass es auch so sei. Leider trifft das heutzutage nicht mehr zu, denn die Handwerker verlangen eine gleichmäßige Qualität, eine leichte Anwendbarkeit und eine gute Haftung. Der Bauherr erwartet einen günstigen Preis, eine schnelle Aushärtung und dass die Putzarbeiten auch bei kälteren Temperaturen erfolgen können. Damit all die Wünsche erfüllt werden können, müssen die Lieferanten und Hersteller sich etwas einfallen lassen. Das Zauberwort heißt „Zusätze": für eine bessere Haftung, für eine bessere und längere Verarbeitbarkeit, gegen eine zu schnelle Aushärtung in

Kalkzementputz: Auf Zusätze achten!

der Pumpe aber für eine zügige Aushärtung an der Wand und so weiter.

> Aus der Praxis: Eines Tages kam ein Hersteller auf mich zu, der einen Bioputz auf den Markt gebracht hatte. Ich fragte ihn, was denn nun Bio an dem Putz sei. Die Antwort lautete, die Hauptbestandteile seien Sand, Kalk und Zement, weitere Zusätze mussten allerdings mit beigemengt werden, denn schließlich werden bestimmte gleich bleibende Eigenschaften erwartet. So stellte sich heraus, dass der wesentliche Bioanteil die Biobezeichnung auf dem Container war. Daraufhin bestellte ich für ein Bauvorhaben Kalk, Zement und Sand und wies die Handwerker an, die Materialien selber zusammenzumischen und damit zu putzen. Das funktionierte hervorragend und der Putz war frei von weiteren Zusätzen.

Kalkzementputz stellt einen Putz dar, der richtig hergestellt keine Belastung für das Raumklima bildet, jedoch von anderen Putzen ökologisch übertroffen wird. Um eine Belastung der Räume durch Schadstoffe zu vermeiden, ist bei allen Putzen darauf zu achten, dass keine Zusätze hinzukommen, die die technischen Eigenschaften verbessern sollen, um mangelnde handwerkliche Fähigkeiten der Verarbeiter auszugleichen.

Lehm-, Kalk-, Gipsputz — Weitere Putze, die zum Einsatz kommen können, sind Gipsputz, Kalkputz und Lehmputz.

Der Lehmputz ist der für das ökologische Bauen am besten geeignete Baustoff. Leider ist die Anwendung etwas aufwendiger. Lehmputz hat auch nach der Trocknung und Aushärtung eine relativ weiche Oberfläche. Verletzungen am Putz oder Risse lassen sich so auch noch nach Jahren leicht mit etwas Wasser ausbessern. Lehmputz lässt sich gut einfärben und die Oberflächenstruktur kann auf einfache Weise unterschiedlich gestaltet werden. Ein wesentlicher Vorteil von Lehm sind seine hygroskopischen Eigenschaften. Lehm kann sehr viel Feuchtigkeit in kurzer Zeit aufnehmen und trocknet danach bei Bedarf auch sehr schnell wieder aus. Bei diesem Vorgang werden Gaspartikel gebunden und, im Falle eines insgesamt dampfdiffusionsoffenen Wandaufbaus, nach Außen abgeführt. Dieser Vorgang führt zu einer Verbesserung der Luftqualität in den Räumen. Mir bekannte Bauherren, die mit Lehmwänden bauen, konnten mir sehr schnell nach dem Einzug in ihr neues Haus bestätigen, dass nach Feiern am nächsten Tag weder Zigarettenrauchgerüche noch Küchendünste in den Räumen festzustellen waren. Nun sollte man aber nicht der Werbung namhafter Lehmputzhersteller glauben, dass alles, was den Begriff „Lehm" im Namen führt, auch diese positiven Eigenschaften hat. Eine komplette Lehmwand ist natürlich höher einzuschätzen als ein Lehmputz von 1,5 cm Stärke. Die Eigenschaften von Lehmstreichputzen kann man in dieser Hinsicht vernachlässigen. Zugaben von Strohhäcksel zu Lehmwänden/Lehmputz kann die ökologischen und physikalischen Eigenschaften einerseits verbessern, andererseits bei Bauschäden und damit eintretender Dauerfeuchtigkeit in der Wand aber dazu führen, dass das Strohhäcksel schimmelt.

Ähnlich wie der Lehm ist der reine Kalkputz zu bewerten. Durch seine basischen Eigenschaften wirkt Kalk zusätzlich antibakteriell und daher auf natürliche Weise gegen Schimmel.

Gipsputze können ebenfalls zum Einsatz kommen. Es ist bei diesen Putzen allerdings darauf zu achten, dass vor allem durch die notwendige Grundierung von vielen Rohbaustoffen, eine Raumluftbelastung durch chemische Stoffe stattfinden kann.

Neben dem Feuchtputz kommt häufig „Trockenputz" zum Einsatz, um einen glatten Untergrund für die weitere Gestaltung der Wände zu bilden. Vor allem bei Fertighäusern wurden früher Spanplatten verwendet, die heute weitestgehend durch die OSB-Platten (siehe Seite 54) ersetzt werden. OSB-Platten haben dampfbremsende Eigenschaften, das kommt vor allem Leichtkonstruktionen mit zusätzlich natürlichen Dämmstoffen zugute. Der Aufbau wird einfacher und kostengünstiger.

Mit Gipsplacken können Gipskartonplatten bei massiven Außenwänden auf die Innenseiten geklebt

Trockenputze

werden. Der konstruktive Vorteil liegt darin, dass auch Laien hier schnell eine gerade und ebene, streichfähige Wand errichten können. Zudem wird im Rohbau nicht so viel Wasser verarbeitet, was zu schnellerem Austrocknen führt und damit die Bauzeit verkürzt. Die ökologischen und auch physikalischen Eigenschaften sind eher mit Kalkzementputz als mit Lehm- oder Kalkputz zu vergleichen.

Kalziumsilikatplatten stellen eine weitere Möglichkeit der Innenraumverkleidung dar, allerdings benötigen sie zusätzlich einen dünnen mineralischen Putz für einen ausreichend glatten Untergrund des späteren Farbauftrages. Diese Platten sind in den letzten Jahren, wahrscheinlich durch die Häufung von Schimmelproblemen in Häusern, als wirksame Verkleidung der inneren Außenwände in Mode gekommen. Tatsächlich bieten diese Platten einige Vorteile. Sie sind leicht zu verarbeiten, haben eine hohe Wirksamkeit bei der Schimmelsanierung, sind aufgrund ihrer Zusammensetzung (Siliziumoxid, Kalziumoxid, Wasserglas und Zellulose) baubiologisch unbedenklich und können zum Brandschutz eingesetzt werden. Dem stehen im Vergleich zu Dämmstoffen hohe Kosten gegenüber, eine geringere Wärmedämmfähigkeit und eine verhältnismäßig geringe Tragfähigkeit. Kalziumsilikatplatten eignen sich besser zur Schimmelsanierung bei bestehenden Gebäuden als zum Einsatz bei Neubauten, denn die preislich günstigere und bauphysikalisch bessere Dämmlösung beinhaltet eine nach außen stetig zunehmende Dämmfähigkeit von Bauteilen.

Die Fenster

Anfang des ersten Jahrtausends wurden die ersten Fenster mit durchsichtigem Glas verschlossen. Da dieses Glas ein teures Material war, kam lediglich die Oberschicht in den Genuss der damit ausgestatteten Häuser. Später wurden auch die Fenster der Kirchen verglast, meist handelte es sich um kleine, mit Blei zusammengefügte Butzenscheiben. Erst im späten Mittelalter ging man dazu über, auch die Fenster einfacher Häuser zu verglasen. Die Neuzeit brachte uns eine rasante Entwicklung in der Herstellung von Scheiben. Aus dem einfachen Glas wurde ein technisch anspruchsvoller Werkstoff. Heute lässt sich Glas in unterschiedlicher Stärke, mit vorgegebener Krümmung, in fast jeder beliebigen Größe als Einfachglas, Sicherheitsglas, Spezialglas und Mehrschichtglas herstellen.

Lange Zeit wurde dem Glas als energetisch relevantem Baustoff mehr Aufmerksamkeit gezollt als dem Mauerwerk. Als Folge traten ab der Mitte des 20. Jahrhunderts dämmtechnische Bauschäden auf, die sich in Form von Schimmelbildung auf den Wänden zeigten. In den alten Häusern schlossen die Fenster nicht richtig und die Scheiben wiesen die schlechtesten Dämmeigenschaften in der Konstruktion auf. Sie boten einen gewissen Schutz vor den Witterungseinflüssen, Kälte jedoch konnte fast ungebremst in die Häuser einkehren. Je nach Witterungsbedingungen lief das Kondenswasser die Scheiben hinunter oder bei starken Minustemperaturen bildeten sich Eisblumen. Unter den Scheiben befanden sich auf der Innenseite Holzrinnen mit einem kleinem Abfluss nach außen, um das tropfende Wasser nach außen abzuführen. Im Winter bei tiefen Frostperioden führte dies manchmal zu kleinen Überschwemmungen auf der Fensterbank, immer dann wenn die Abflüsse zugefroren waren.

Die Wende setzte mit der Erfindung des Doppelglases (Thermopane Isolierglas) ein. Die neuen Fenster wiesen einen besseren Wärmedämmwert auf und schlossen dichter. Das hatte zur Folge, dass innerhalb der Wohnräume eine geringere Luftbewegung stattfand und die kältesten Punkte nicht mehr auf der Scheibe, sondern im Mauerwerk waren. Vor allem in den Außenecken der Wohnungen, an den kältesten Stellen, wurde das Mikroklima bald so feucht, dass sich der Schimmel ungehindert einnisten konnte. Um hier Abhilfe leisten zu können, muss man natürlich den physikalischen Vorgang verstehen:

Kalte Luft kann weniger Feuchtigkeit aufnehmen als warme Luft. Demzufolge ist der Wasserdampfgehalt in

Auswirkungen von Isolierglasscheiben auf das Mikroklima

beheizter Innenraumluft höher als bei Minusgraden im Außenbereich. Die Luft versucht, einen Feuchtigkeitsausgleich herzustellen. An dem Punkt, wo die warme auf die kalte Luft trifft, kondensiert das Wasser, das die kalte Luft nicht mehr aufnehmen kann. Dieser Punkt kann innerhalb der Konstruktion oder auch an der Oberfläche einer Wand sein.

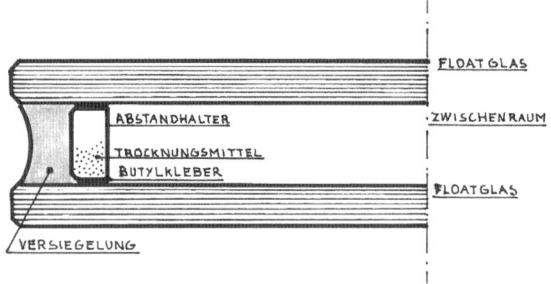

Aufbau einer Isolierglasscheibe

Baustoffe verhalten sich in Bezug auf Schimmelbildung unterschiedlich. So bildet sich auf Materialien, die wasserdampfdurchlässiger sind, mehr Feuchtigkeit aufnehmen und schneller trocknen können, später Schimmel als auf absperrenden Wänden. Wenn sich über den Winter in einer Konstruktion Feuchtigkeit sammelt und diese über den Sommer wieder wegtrocknen kann, muss dies nicht unbedingt zu Schimmelbildung führen. Bleibt allerdings eine Restfeuchtigkeit bestehen, wird diese von Jahr zu Jahr höher werden und irgendwann, vielleicht erst nach Jahren, ist ein derart hohes Feuchtklima erreicht, dass sich Schimmel bilden kann. Organische Materialien wie Holz oder mineralische Materialien wie Ziegel geben Feuchtigkeit schneller ab als Beton und Kalksandsteine, sodass dieser Prozess bei diesen Materialien später einsetzen könnte.

Schimmelbildung vermeiden

Um Schimmelbildung zu vermeiden, müssen die Oberflächentemperatur auf der Innenseite der Wand und die gesamte Wandtemperatur heraufgesetzt werden. Das wird am besten durch eine Außendämmung erreicht, die zusätzlich noch wasserdampfdurchlässig ist. Sollte eine

Außendämmung aus optischen oder technischen Gründen nicht möglich sein, kann unter Umständen innen gedämmt werden. Hier ist technisch darauf zu achten, dass das gewählte Oberflächenmaterial Feuchtigkeit sehr schnell aufnehmen und auch wieder sehr schnell abgeben kann. Auf der Innenseite muss eine Dampfbremse oder Dampfsperre fehlerfrei angebracht oder mineralische Wärmedämmputze oder Dämmplatten verwendet werden. Je besser das Haus gedämmt werden soll, desto wichtiger ist eine saubere handwerkliche Arbeit.

In den wenigsten Fällen schimmeln die konstruktiven Materialien, vielmehr sind es der Anstrich, Tapeten, Tapetenkleister oder die Ablagerungen von Küchendünsten. Folglich kann es bei geringen Schäden bereits ausreichend sein, die Wände mit stark alkalischen Anstrichen wie Kalk- oder Silikatfarben zu versehen, um der Schimmelbildung entgegenzuwirken. In Baumärkten werden chemische Schimmelentferner angeboten. Davon rate ich ab, denn es stellt sich hier die Frage, was für den Menschen schädlicher ist: der Schimmel oder der Entferner?

Von diesem kleinen Exkurs komme ich zurück zum Fenster. Fenster bestehen aus dem Glas, dem Rahmen und der Befestigung nebst Dichtung. Im Bereich der Mehrschichtgläser gibt es solche, die lediglich der Wärmedämmung dienen, als Zweifach- oder Dreifachverglasung. Die inneren Scheiben sind beschichtet oder es wird Folie verarbeitet. Die Füllung besteht je nach Anspruch aus unterschiedlichen Gasen. Inzwischen werden durch die entsprechende Konstruktion zum Beispiel bei Klimaschutzglas U-Werte von bis zu 0,5 W/(m²K) (Wärmedurchgangskoeffizient) erreicht. Je kleiner der U-Wert ist, desto geringer ist der Wärmeverlust durch ein Fenster (www.wir-hausbesitzer.de, 2012). Ein zusätzlicher Effekt wird erzielt, wenn die Scheiben innen metallbedampft sind, und zwar wird damit eine Abschirmung von technischen Wellen (Elektrosmog) von über 99 % erreicht.

Das richtige Fensterglas finden

Weiterhin sind Schalldämmgläser und Sicherheitsgläser auf dem Markt. Es ist aber darauf zu achten, dass die Lichtdurchlässigkeit von Scheiben unterschiedlich ist.

Je höher der Anspruch an die Dämmeigenschaft, desto geringer ist die Lichtdurchlässigkeit. Somit können die heutigen Scheiben den Komfort in den Häusern erheblich erhöhen, da sie das Aufheizen der Innenräume im Sommer gegenüber alten Gläsern verringern und im Winter vor Wärmeverlusten schützen (www.baunetzwissen.de, 2012).

Fensterrahmung und Dichtung

Wichtig für die gesamte Wärmedämmung der Fenster sind auch die Rahmenkonstruktion, die Rahmendichtung und die Anschlussdichtungen. Es werden Fenster mit Holzrahmen, Kunststoffrahmen, Metallrahmen und solche aus einer Kombination dieser Materialien angeboten. Alle Materialien können mit Lacken gestrichen werden, bei Kunststoffrahmen ist dies jedoch generell nicht üblich. Kunststoffrahmen werden einbaufertig geliefert und benötigen keine Endbehandlung.

Für den ökologischen Bau ist sicherlich das Holzfenster die richtige Wahl. Wer sich für Holzfenster entscheidet, sollte auf jeden Fall auf die Verwendung von Tropenholz verzichten. Bei Holzfenstern schreiben die DIN und die Rosenheimer Richtlinien eine Holzschutzgrundierung vor, die auf Basis chemischer Produkte ausgerichtet ist. Diese Substanzen werden meist durch Tauchen in das Holz eingebracht. Im privaten Bereich kann auf diesen chemischen Holzschutz verzichtet werden. Ich selber habe meine Kiefernfenster mit Naturholzschutz, der Zinkoxyd gegen Bläue enthält, gestrichen und seit über 15 Jahren keine Mängel am Holz festgestellt. Die wenigsten Handwerker sind jedoch bereit, sich darauf einzulassen, denn die rechtliche Situation bei einem eventuell später eintretenden Schaden ist nicht eindeutig. So hat die Rechtsprechung in der Vergangenheit selbst bei ausreichender und schriftlicher Belehrung der Bauherren durch den Handwerker immer wieder gegen die ausführende Firma entschieden. Wer also unbedingt auf einen chemischen Holzschutz verzichten möchte, wird es sehr schwer haben einen Handwerker zu finden, der bereit ist, unbehandelte Fensterrahmen oder mit Naturholzschutz behandelte Fensterrahmen zu liefern und einzubauen. Findet man diesen, so sollte man beim Verzicht auf chemischen Holzschutz mehr Wert auf einen konstruktiven Holzschutz legen, der zum Beispiel durch tieferliegende Fenster oder einen größeren Dachüberstand, der die Fenster zusätzlich vor Nässe schützt, erreicht werden kann.

Als weitere Maßnahme sollten Holzfenster außen immer dampfdiffusionsoffener sein als innen. Das bedeutet, innen geölte Rahmen dürfen außen nicht lackiert sein. Sonst kann es geschehen, dass das Holz nicht ausreichend trocknet und frühzeitig Schäden auftreten.

Die gesetzlichen Anforderungen an den Wärmeschutz des Hauses sind inzwischen so hoch, dass er mit ausschließlich ökologischen Materialien nicht mehr zu erreichen ist. Lediglich beim Einbau der Fenster sollte die Überlegung angestellt werden, ob auf das Einschäumen mit Polyurethan verzichtet werden und stattdessen ein solider handwerklicher aber teurerer Einbau erfolgen sollte. Die Winddichtigkeit der Fugen muss dabei allerdings gewährleistet bleiben. Aufgrund der hohen gesetzlichen Anforderungen reduziert sich ökologisches Bauen inzwischen auf die Auswahl der Materialien mit der besten ökologischen Gesamtbilanz und auf den Verzicht raumbelastender Stoffe, sofern es den gesetzlichen Anforderungen nicht widerspricht.

In diesem Zusammenhang möchte ich abermals die Frage stellen, ob die gesamtökologische Bilanz wirklich noch positiv ist, wenn nur mittels immer höheren technischen Aufwands sowohl in der Herstellung als auch im Einbau der Wärmeverlust verringert werden kann? Wird der durch die Produktion der zusätzlichen Materialien entstehende Umweltschaden wieder aufgefangen und ist ein gesundes Bewohnen unserer Häuser noch gewährleistet oder sind wir womöglich einer unüberlegten Dämmhysterie verfallen, die von der Dämmstoff produzierenden Industrie forciert wird, um deren Gewinne zu optimieren? Als Faustregel gilt hier deshalb: Bei einer Dämmung von über 25 cm ist mit jedem weiteren Zentimeter an Dämmung der energetische Nutzen gegenüber dem Energieverbrauch für die Herstellung nicht mehr unbedingt als sinnvoll einzustufen.

Die Türen

Wem ist es nicht schon einmal so ergangen, dass man mit ausgeprägtem Selbstbewusstsein ein Unternehmen aufsuchte, vielleicht um sich dort zu bewerben. Je näher man dem Ziel kam, desto kleiner fühlte man sich, um nach dem Durchschreiten des Portals zur Bedeutungslosigkeit zu schrumpfen. Der ganze Mut war draußen geblieben.

Der Eingang eines Bürogebäudes vermittelt beim Betreten den ersten Eindruck. Je nachdem wie wichtig ein Konzern oder eine Behörde wahrgenommen werden möchte, je mächtiger sie ist, desto größer wird im Allgemeinen der Eingang gebaut. Dasselbe lässt sich auf Privatpersonen projizieren. Ein großes Tor zum Grundstück, ein weiter Weg zum Haus auf fremdem Terrain und ein imposanter Eingang ins Haus laden den Besucher ein, lösen in ihm aber gleichzeitig Ehrfurcht aus. Die Tür oder das Tor ist die Visitenkarte des Hauses.

Doch jede Außentür erfüllt auch ganz profane Ansprüche. Sie soll die Bewohner vor Eindringlingen und vor den Unbilden des Wetters schützen. An alle Außentüren werden die gleichen physikalischen Ansprüche in Bezug auf den Einbau, die Wärmedämmung, die Luftdichtigkeit und den Einbruchsschutz wie an ein Fenster gestellt. Sie unterscheiden sich lediglich dadurch, dass der Zutritt hier ebenerdig über eine Schwelle erfolgt.

Haustüren sind aus Kunststoff, Metall und Holz, mit oder ohne Glas. Sie müssen einbruchssicher sein und dürfen sich nicht verwinden. Am besten lassen sich diese technischen Eigenschaften mit einer Rahmentür verwirklichen. Die Hohlräume im Rahmen oder im Türblatt werden mit Dämmschäumen gefüllt. Viele kleinere Tischlereien gehen auf den Wunsch von ökologisch denkenden Bauherren ein und verwenden für die Füllung der Türen natürliche Dämmstoffe wie Weichfaserplatten. Bei Rahmentüren mit Glasfüllungen werden Sicherheitsglas und Dämmglas verwendet.

Oftmals sind die Türblätter von Innentüren preiswerter als die Zargen. Am häufigsten werden aus diesem

Grunde lackierte Metallzargen im Wohnungsbau verwendet. Die handelsüblichen Türblätter bestehen aus einem Fichtenrahmen, der beidseitig mit dünnen furnierten oder lackierten Spanplatten bekleidet ist. Die Füllung besteht in der Regel aus Well- oder Wabenpappen. Selbst massiv erscheinende Kieferkassettentüren sind oftmals furnierte Spanplatten. Damit es natürlicher klingt, werden sie als Türen mit Massivholzzargen angeboten. Wer sich im Landhausstil einrichtet und Wert auf massive Türen legt, sollte sich daher vom Händler auf jeden Fall bestätigen lassen, dass die komplette Tür inklusive Zarge aus massivem Holz besteht.

Wer beim Bauen auf ökologische Qualität achtet, findet massive Holztüren in allen Stilrichtungen und aus unterschiedlichen Hölzern. Jedoch sollte darauf geachtet werden, dass keine Tropenhölzer verwendet werden. Preislich gesehen liegen Rahmentüren mit beidseitig furnierten Tischlerplatten und Massivholzzargen zwischen massiven Edelholztürblättern und Billigtürblättern. Die Füllung besteht aus Weichfaserplatten. In einem ökologischen Haus erfolgt der Einbau der Türen natürlich ohne Bauschäume auf rein handwerkliche Art mit Schrauben oder Abstandsplatten, auf die die Türzargen verleimt werden können.

Eine weitere Möglichkeit in Gebäuden, die Räume zu trennen ohne wesentliche Schadstoffbelastungen zu fürchten, sind Glastüren mit Holz- oder naturlackierten Metallzargen. Solche Türen haben jedoch in der Herstellung einen wesentlich höheren Energiebedarf und aus diesem Grunde sollte einer Alternative der Vorzug gegeben werden.

Die Fassade

Die ersten Häuser wurden aus Lehm oder Holz gebaut. Eigentlich waren es eher Hütten, aber aus diesen Hütten entwickelten sich mehrgeschossige Gebäude, während die Baustoffe zunächst die gleichen blieben. Bald kam als weiteres Material der Stein hinzu, überwiegend die leichter zu bearbeitenden Sandsteine. Gemeinsam waren allen Bauwerken die einschichtigen Außenmauern, auch wenn die Materialien inzwischen untereinander kombiniert wurden. Es entstanden die ersten Fachwerkhäuser. Als tragendes Element diente das Holz, während die Felder dazwischen mit Lehm ausgefacht wurden. Bereits sehr früh in der Geschichte wurde Lehm zu Ziegeln geformt und luftgetrocknet. Zwei- bis dreitausend Jahre vor Christi war der nächste Schritt das Brennen der Ziegel. Die ersten gebrannten Steine waren noch recht weich, aber im Laufe der Entwicklung konnte die Brenntemperatur immer weiter erhöht werden und damit erreichten die Ziegel eine höhere Festigkeit.

In Landstrichen mit viel Niederschlag wurde das Augenmerk auf eine Bauweise mit widerstandsfähiger Fassade gelegt, in den kalten Klimazonen entwickelte sich eine Bauweise, die zusätzlich vor Kälte schützen sollte. In unseren Breitengrad wurden die ersten zweischichtigen Außenwände mit einer Luftschicht zwischen den tragenden Bauteilen und der Fassade errichtet. Das Hauptanliegen bestand darin, dass bei Durchfeuchtung der äußeren Schicht die Feuchtigkeit möglichst nicht auf das Innenmauerwerk übertragen wurde. In weniger regenreichen Zonen blieb es bei dem einschichtigen Mauerwerk, das als Witterungsschutz in den meisten Fällen einen Putz und zusätzlich einen Anstrich erhielt.

Einfluss der Fassade auf das Innenraumklima

Während die tragenden Konstruktionen beim Bauen kaum einen Materialwandel hinter sich haben, ist die Entwicklung der Materialien für die Fassaden ungebremst dynamisch. Diese Dynamik lässt sich aus dem Wunsch der Bauherren nach Individualität erklären. Kaum eine Rolle dürften hier die konstruktiven oder physikalischen Notwendigkeiten spielen. Erst in den letzten Jahrzehnten wurde immer deutlicher erkannt, dass eine Fassade nicht nur der Optik und dem Schutz vor der Witterung dient, sondern ebenso einen entscheidenden Anteil am Energiehaushalt der Gebäude hat. Ökologisch betrachtet, beeinflusst sie das Innenraumklima wesentlich.

Ursprünglich dienten mineralische Putze, Ziegel und Holz als Fassaden für Gebäude. Heute können die

Die Fassade

Fassadenverkleidungen auch aus Kunststoffputzen, Glas, Kunststoff-, Terrakotta-, Metall-, Kunstschiefer-, Granit-, Marmor-, Schieferplatten usw. bestehen. Es ist darauf zu achten, dass vor allem Fassaden mit rauer Oberfläche (Kunststoffputze) Fungizide enthalten, die das Mikroklima negativ beeinflussen und durch Regen in die Böden gewaschen werden. Den Variationen innerhalb dieser Materialien sind gestalterisch keine Grenzen gesetzt.

Der geforderte Maßstab für den Einsatz der Baustoffe ist heutzutage die „Nachhaltigkeit". Fast alle, vom Planer bis zum Nutzer, fühlen sich wohl, wenn das eingesetzte Material diesen Anspruch erfüllt. Eine ökologische Qualität im vollen Umfang wird dadurch jedoch nicht gewährleistet. Wer ökologisch bauen will, erwartet mehr. Die Fassade soll nicht nur die Umwelt in ihrer Gesamtbilanz nicht belasten, sondern auch für die Menschen, die dahinter leben, wohnen und arbeiten ein gesundes Raumklima schaffen. Es sollte eine molekulare Luftbewegung zwischen innen und außen stattfinden, um ein Ansammeln von Schadstoffen in den Räumen zu vermeiden. Das Klima innerhalb der Häuser muss ohne großen technischen Aufwand positiv auf die Menschen wirken. Der Einfluss des Außenklimas auf das Innenklima sollte so groß wie möglich sein ohne dessen negative Eigenschaften wie Kälte, übermäßige Wärme, schlechte Luft, negative künstliche Strahlung und Lärm hineinzulassen. Hinterlüftete Außenwände erfüllen diese Forderungen bei entsprechender tragender Konstruktion zum Teil, auch wenn die Fassade aus gasdichten Stoffen besteht. Nicht hinterlüftete Fassaden hingegen sind aus ökologischer Sicht nicht empfehlenswert, wenn sie das Gebäude „absperren".

Das ökologische Haus sollte neben den Glasflächen einen hohen Anteil an Baustoffen in der Fassade enthalten, die natürlichen mineralischen oder organischen Ursprungs sind. Die Konstruktion ist so zu gestalten, dass der Herstellungs-, Verarbeitungs-, Pflege- und Erhaltungsaufwand möglichst gering ist, die Natur bei der Gewinnung nicht unwiderruflich zerstört wird und die Herstellung, die Ernte oder der Abbau der Baustoffe sozial verträglich sind. Diese Bedingungen werden durch Sand, Kalk, Naturplatten (Schiefer, Ton, Granit und Marmor), Ziegel, Holz und Bambus erfüllt.

Fassadenanstrich Anstrichmittel schützen die Bauteile vor mechanischer Belastung, vor Witterungseinflüssen, vor Schädigung durch Insekten, Pilze, chemischen und natürlichen Stoffen und zu guter Letzt sollen Anstrichmittel verschönern. Ein gutes Anstrichmittel für Außen schützt die Materialien vor von außen einwirkender Feuchtigkeit sowie vor Sonnenlicht und ermöglicht gleichzeitig eine größtmögliche Dampfdurchlässigkeit.

Neben den vielen anderen Arten der Fassadengestaltung gibt es die geputzten Fassaden, die Kalksandsteinfassaden, die Betonfassaden und die Holzfassaden, die gestrichen werden. Für mineralische Untergründe werden Kalkfarben, Dispersionsfarben und Mineral-, beziehungsweise Silikatfarben verwendet.

Die häufigsten Fassadenanstriche erfolgen mit Kunstharzdispersionsfarben. Diese Farben sind einfach zu verarbeiten und technisch so ausgereift, dass sie den Außenwänden für viele Jahre Schutz bieten. Es kann jedoch passieren, dass durch feine Haarrisse oder größere Risse im Untergrund Feuchtigkeit eindringt. Da die Dispersionsfarben nicht optimal dampfdurchlässig sind, kann sich diese Feuchtigkeit in dem darunter liegenden Baustoff verteilen. Eine ausreichende Trocknung der Bausubstanz wird verhindert. Infolgedessen treten Bauschäden oder Durchfeuchtungen bis in die Innenräume auf und die Farbe kann teilweise abblättern. Mangelnde Dampfdurchlässigkeit führt unter Umständen zu einer größeren Gefahr der Tauwasserbildung und behindert den Luftaustausch durch die Konstruktion, was zu einer höheren Schadstoffkonzentration und Schimmel in den Innenräumen führen kann. Als Kunststoffprodukt kann die Dispersionsfarbe bei der Herstellung und als fertiges Produkt zu einer Belastung der Umwelt mit Schadstoffen führen.

Ähnlich dauerhaft wie die Dispersionsfarben sind die reinen Kalkfarben. Sie sind jedoch dampfdurchlässig und verschlechtern nicht die physikalischen Eigenschaften der Fassade. Kalkfarben können nur auf rein mineralischen Untergründen verarbeitet werden, durch ihre hohe Alkalität wirken sie antibakteriell und sind resistent gegen Schimmelbefall. Ihre Verarbeitbarkeit ist etwas aufwendiger als die der Dispersionsfarben. Kalk ist ein reines Naturprodukt und wirkt sich somit nicht belastend auf die Umwelt aus.

Ebenso wie die Kalkfarben können die reinen Silikat- oder Mineralfarben nur auf mineralischen Untergründen gestrichen werden. Sie verkieseln ebenfalls mit dem Untergrund und bilden so mit diesem eine einheitliche Substanz, die Farben können nicht abblättern und halten Jahrzehnte. Reine Silikatfarben sind alkalisch und dampfdurchlässig. Die höheren Kosten und der größere Verarbeitungsaufwand machen sich bei der Verwendung dieser Farben durch bessere physikalische Eigenschaften und längere Haltbarkeit bezahlt.

Ein ganz anderes System sind Holzfassaden oder Fassaden von Blockbohlenhäusern. Das der Witterung ausgesetzte Material ist organisch und bedarf je nach Auswahl des Holzes einer besonderen Behandlung. Zum Schutz des Holzes vor Sonnenlicht und Regen werden Lacke, Ölfarben, Lasuren und Schwedenrot verwendet. Im herkömmlichen Bau werden die Hölzer als Grundschutz druckimprägniert und mit bitumenhaltigen und lasierenden Anstrichen behandelt, denen synthetische Holzschutzmittel zugesetzt wurden.

Holzfassaden

Es gibt Hölzer, die je nach Konstruktion keinen Anstrich benötigen. Zu diesen Hölzern gehören Tropenhölzer, die einheimische Lärche, ebenso die Eiche und die ursprünglich aus Nordamerika stammende Robinie. Ein weiteres Holz stammt von der amerikanischen Zeder. Es ist stark aromatisch und wird auch in Innenräumen zur natürlichen Vertreibung von Motten empfohlen. All diese Hölzer weisen eine hohe Widerstandskraft gegen Insekten und Pilze auf und benötigen deshalb keinen Anstrich, sie bedürfen jedoch eines konstruktiven Holzschutzes.

Tipp: Ohne Behandlung werden alle Hölzer grau. Wer die natürliche Struktur des Holzes behalten möchte,

Konstruktion und Baumaterialien

> kann entweder mit farbigen Lasuren streichen oder verwendet farblose Öle, die das Vergrauen verhindern. Entsprechende Öle werden auch von Naturfarbenherstellern angeboten.

Holz im Außenbereich zu lackieren ist zwar möglich, aber aus meiner Sicht nicht empfehlenswert, es sei denn, man stellt sich auf kurze Pflegeintervalle ein und kontrolliert den Anstrich relativ häufig. Lackoberflächen sind nicht besonders elastisch. Durch eine kleinere Molekularstruktur sind Naturlacke den synthetischen Lacken hier sogar überlegen. Synthetischen Lacken werden in der Regel Weichmacher zugesetzt.

Holz „arbeitet"; je nach Temperatur, je nach Feuchtigkeitsaufnahme oder -abgabe verändert es sein Volumen. Diese Veränderung erfolgt hauptsächlich quer zur Faser und kaum in Faserrichtung. Bei dem Vorgang des „Arbeitens" können die Lacke feine Haarrisse bekommen, durch die Feuchtigkeit in das Holz eindringt. Durch die Saugfähigkeit des Holzes wird diese Feuchtigkeit im Holz verteilt und kann nicht mehr schnell genug wegtrocknen. Das Holz fault über Jahre unter dem Lack und wird im Extremfall nur noch durch diesen zusammengehalten.

Einige Naturfarbenhersteller produzieren Ölfarben und Wetterschutzfarben. Diese Farben haben eine hohe Elastizität und sind sehr diffusionsoffen. Eventuell eindringende Feuchtigkeit kann dadurch sehr schnell wieder Austrocknen. Da die Oberfläche bei diesen Farben nicht so hart ist wie bei herkömmlichen Lacken, eignen sie sich ausschließlich für flächige Anstriche im Außenbereich, wie Fassaden. Die Pigmentierung ist stärker als von Holzlasuren, sodass die Struktur des Holzes nur geringfügig erhalten bleibt.

Die weiteste Verbreitung für Holzfassadenanstriche finden die Lasuren. Lasuren eignen sich für alle Holzanstriche im Innen- und Außenbereich. Holzlasuren sind sehr dampfdiffusionsoffen und schützen das Holz vor UV-Strahlung und Feuchtigkeit. Holzlasuren erhalten die Struktur des Holzes. Einige Firmen bieten zusätzlich Dickschichtlasuren an, die das Holz noch optimaler schützen sollen. Ich halte diese Dickschichtlasuren für nicht notwendig. Holzlasuren für den Außenbereich aus dem herkömmlichen Handel enthalten als Hauptbestandteil neben den Kunstharzen und Weichmachern Fungizide und Insektizide.

Wer schon einmal in Schweden war, kennt die schönen roten Holzhäuser, die mit Schwedenrot gestrichen wurden. Das Schwedenrot wird in erster Linie aus Schlemmabfällen des Erzabbaus hergestellt, denen natürliche Öle zugesetzt werden. Die Schlemme enthält sehr geringe natürlich vorkommende Mengen an Blei, was einige Naturfarbenhersteller als bedenklich empfinden. Dennoch kann die Farbe als sehr umweltverträglich eingestuft werden.

Von farblosen Wetterschutzölen abgesehen, die das Holz vor dem Vergrauen schützen, basiert die Schutzwirkung aller Anstriche zum einen auf dem Zusatz von Pigmenten und zum anderen auf Ölen und Harzen. Diesen Grundstoffen werden Zusatzstoffe wie Trockenstoffe, Konservierungsstoffe, Lösemittel, Weichmacher und Füllstoffe hinzugesetzt.

Für alle anderen Hölzer im Außenbereich sind die gleichen Anstrichmittel verwendbar. Für optisch nicht so anspruchsvolle Konstruktionen wie Zäune oder einen Sichtschutz bieten die Naturfarbenhersteller technisch einfachere und dadurch kostengünstigere Produkte an. Für Holzzaunpfähle eignet sich am besten Eichen-, Edelkastanien- oder Robinienholz. Diese Hölzer haben von Natur aus eine sehr hohe Widerstandskraft gegen Verrottung. Konstruktiv können Zaunpfähle zusätzlich geschützt werden, indem die Hölzer nach dem Streichen in ein Sandbett einbetoniert werden. Die untere Stirnseite sollte in diesem Fall nicht von Beton umschlossen sein.

3.
Die Technik

Die Beheizung

In den Urzeiten saßen unsere Vorfahren im Freien oder in ihren Höhlen an einem offenen Feuer, um sich zu wärmen. Später wurden um das offene Feuer herum Wände mit einem Dach errichtet, versehen mit einem Loch als Rauchabzug. In einigen Gebieten unserer Erde verhält sich das noch immer so. Anderswo entwickelte sich aus der einfachen Feuerstelle in Zusammenwirkung mit der Gebäudehülle im Laufe der Zeit eine hochkomplexe technische Anlage, deren Wartung und Bedienung heute nicht mehr ohne fundierte Bildung und aufwendige Einweisung möglich ist. So wie sich die Wärmeerzeugung verändert hat, entwickelte sich auch das Wohnen von einem einfach zu erlebenden Grundbedürfnis zu einer anspruchsvollen Tätigkeit. Auffällig häufig sieht man sich inzwischen mit Fragen des richtigen Wohnens, des richtigen Heizens, des richtigen Kochens und des richtigen Lüftens konfrontiert.

Wer baut, wird mit Fragen gerade zum Thema Heizung überschüttet: Öl, Gas, Strom, Braunkohle, Steinkohle, Fernwärme oder Holz: Was ist der beste Energielieferant? Wie soll die Heizung in der Wohnung aussehen? Plattenheizkörper, Fußleistenheizung, Fußbodenheizung, Wandheizung, Kachelofen, Kamin, Luftheizung – oder sollte das

Die Technik

Haus so gebaut werden, dass man ganz ohne Heizung auskommt? Sollen Sonnenkollektoren mit Heizungsunterstützung oder Wärmepumpen zum Einsatz kommen? Je mehr Fachleute zu Rate gezogen werden, desto schwieriger wird es im Allgemeinen, die richtige Entscheidung zu treffen: So viele Fachleute man befragt, so viele unterschiedliche Antworten erhält man auch. Denn: Richtiges Heizen ist eine komplexe Aufgabe, deren Lösungsversuche viele Menschen beschäftigen. Sie legen ihr Hauptaugenmerk jedoch meist auf den möglichst niedrigen Verbrauch durch die Konstruktion der Heizungsanlage oder den Energieabfluss durch die Gebäudehülle. Keine Beachtung findet dagegen der Energieverbrauch in seiner ganzen Vielfalt: Weder der Verbrauch zur Schaffung dieser vermeintlich besten Lösung noch der Verbrauch zur Produktion der technischen Anlagen oder der Baustoffe für die Wärmedämmung werden miteinbezogen.

Ökologisch heizen

Ökologisches Heizen ist von vielen Faktoren abhängig:
- Das Heizmedium sollte kohlendioxydneutral sein oder zumindest die Umwelt mit so wenig CO_2 wie möglich belasten.
- Es dürfen möglichst keine weiteren Schadstoffe bei der Verbrennung frei gesetzt werden, wie zum Beispiel Schwefel.
- Der Energieaufwand für den Transport der Heizstoffe sollte so gering wie möglich ausfallen.
- Die Heizung sollte zuverlässig, einfach zu bedienen, effektiv und sicher sein, mit wenig Wärmeverlusten und einer optimalen Verbrennung arbeiten.
- Die Heizung sollte energiesparend sein und als Primärenergie ein Medium verbrennen, das sich weitestgehend umweltneutral verhält und in ausreichendem Maße dauerhaft zur Verfügung steht.
- Die Materialien der Anlage haben möglichst wenig chemische Ausgasungen.
- Die Wärmeverteilung in den Räumen erfolgt gleichmäßig und mit einem möglichst hohen Strahlungsanteil.
- Das zu beheizende Volumen ist nicht unnötig groß zu halten und gut mit natürlichen Dämmstoffen zu isolieren.

- Die Bauweise eines Hauses und die Baustoffe sollten so gewählt werden, dass keine Wärmeverluste auftreten.
- Das Haus muss frei von Zugluft sein. Die Gebäudehülle soll eine gute Luftdichtigkeit haben.
- Eine Unterstützung der Heizungsanlage oder eine komplette Gewinnung der Wärme durch regenerative Quellen, wie zum Beispiel Sonnenkollektoren oder Wärmepumpen, ist wünschenswert.
- Der technische Aufwand zu optimalen Lösungen sollte ökologisch und sozial vertretbar sein.
- Die persönliche Bekleidung ist in den Räumen so zu wählen, dass man sich zwar wohl fühlt, aber sich nicht unbedingt zur kalten Jahreszeit sommerlich luftig in seiner Wohnung aufhält.

Die ökologischste Beheizung von Gebäuden erfolgt im Idealfall mit einer bedarfsnahen Verbrennung von regionalen CO_2-neutralen Heizstoffen, mit der Gewinnung von Wärme durch natürliche, regenerative Quellen und durch die richtige Konstruktion des Hauses mit einer optimalen Ausrichtung.

In unseren Breiten liegt die beste Ausrichtung des Hauses in Nord-Süd-Richtung. Die Wohnräume befinden sich auf der Süd- bis Westseite und die Schlaf- und Nebenräume auf der Nord- bis Ostseite des Hauses. Während man auf der Sonnenseite des Hauses durchaus an vielen Tagen des Jahres mit Wärmegewinn rechnen kann, ist auf den anderen Seiten eher von Wärmeverlusten auszugehen. Dementsprechend sind die Außenwände von Häusern je nach Sonnenlage bauphysikalisch unterschiedlich zu bewerten.

Weitere Energie wird gespart, indem dafür Sorge getragen wird, dass das Gebäude möglichst windgeschützt liegt. Hier hilft eine entsprechende Bepflanzung und Formung des Geländes um das Haus herum oder man nutzt natürliche Gegebenheiten. Eine Bepflanzung der Außenwände des Hauses mit Rankgewächsen stellt eine weitere ökologische Methode dar, den Energiebedarf des Gebäudes zu senken. Es muss darauf geachtet werden, dass auf der Ost- und Nordseite eine Begrünung mit immergrünen Pflanzen erfolgt und auf der Süd- und

Ausrichtung und Lage des Hauses beachten

Die Technik

Westseite die Rankgewächse im Winter ihr Laub abwerfen. Dadurch erfolgt im Sommer eine Beschattung der Wände und das Gebäude wird weniger aufgeheizt, während die Sonne im Winter die Möglichkeit hat, die Außenwände zu erwärmen. Immergrüne Pflanzen verringern auf den Schattenseiten ganzjährig ein zu starkes Auskühlen. Noch wirkungsvoller ist die Methode, die Schattenseiten ins Erdreich hinein zu bauen oder mit Erdreich anzuschütten.

Tipp: Ein nicht beheizter, richtig geplanter Wintergarten auf der Sonnenseite des Hauses ist über eine große Zeit des Jahres ein weiterer natürlicher Energielieferant und Wärmepuffer. Ein Wintergarten schafft zusätzliche Wohnqualität und verlängert die Gartensaison. Siehe dazu auch Seite 171.

Überlegungen, mit entsprechenden Bepflanzungen die klimatischen Eigenschaften von Gebäuden zu verbessern, gelten nicht nur für kleine Häuser, sondern können bei Gebäuden jeder Größenordnung zur Anwendung gebracht werden. Gerade bei großen Gebäuden kann die Palette der Nutzung von Bepflanzungen noch um viele Varianten erweitert werden: Terrassenhäuser, integrierte Nutz- oder Erholungsgärten, Innenhöfe, Wasserflächen in Hausnähe und ganz oder teilweise überdachte Flächen. Den Ideen sind hier keine Grenzen gesetzt, um das Mikroklima innerhalb und außerhalb des Gebäudes durch Landschaftsgestaltung, ob horizontal oder vertikal, zu beeinflussen. Dadurch kann der sommerliche (Klimaanlagen) und winterliche (Heizung) Energiebedarf dauerhaft reduziert werden. Grundsätzlich sollte man aber auch hier darauf achten, dass der technische Aufwand und die Energie zur Herstellung der Materialien nicht größer sind als deren Nutzen und dass keine Materialien verwendet werden, die zu einer chemischen Belastung des Raumklimas und der Umwelt führen.

Des Weiteren soll die Energieerzeugung möglichst nah am Standort der Heizung stattfinden und auf das Volumen des Hauses optimal abgestimmt sein. Aus

Die Beheizung

diesen beiden Faktoren ist ein ökologisches und wirtschaftliches Gesamtkonzept zu entwickeln. So könnten bei einem Wohn- oder Industriegebiet Blockkraftwerke und im alleinstehenden Einfamilienhaus Generatoren errichtet werden, die sowohl Heizenergie als auch Strom liefern. Der höchste Wirkungsgrad bietet die beste Wertschöpfung.

Der beste Energielieferant in unseren Breitengraden ist noch immer Holz. Die Holzverbrennung kann über mehrere unterschiedliche Arten erfolgen: Holzscheite, Sägespäne und Holzschnitzel, die in Tischlereien anfallen, Holzpellets und gepresste Holzbriketts. Mit Holzpellets, Holzschnitzeln und Sägespänen lassen sich auch automatische Feuerungsanlagen betreiben. Die Heizanlagen für Holzspäne und Holzpallets sind inzwischen ähnlich komfortabel wie Öl- oder Gasheizungen, gleichwohl sind für die Lagerung größere Flächen notwendig. Mit Kaminen und Öfen zu heizen ist dagegen aufwändiger.

Den passenden Energielieferanten finden

Bei der Verbrennung von Holz entsteht nicht mehr CO_2 als beim Wachstum verbraucht wird und so kann Holz als CO_2-neutraler Brennstoff eingeordnet werden. Eine Belastung der Umwelt erfolgt bei der Holzverbrennung jedoch durch Feinstaub. Es ist wichtig, ganz trockenes Holz zur Verbrennung zu verwenden, die Heizungen so zu konzipieren, dass die Verbrennung optimal abläuft, und in letzter Konsequenz dafür zu sorgen, dass eventuell anfallender Feinstaub gefiltert wird. Bei der Verwendung von Filtern ist der Nutzen wieder mit den Belastungen der Umwelt bei der Produktion und Wartung der Filter in Verbindung zu setzen und deren Lebensdauer ist mit einzurechnen. Da Holz jedoch nicht überall ausreichend zur Verfügung steht, kann eine möglichst große Versorgung nur erfolgen, wenn die Gebäude mit wesentlich weniger Energie zur Beheizung auskommen, als es heute im Allgemeinen der Fall ist.

Die Verbrennung von fossilen Brennstoffen wie Kohle, Gas oder Öl ist umwelttechnisch immer problematisch, denn in ihnen ist CO_2 gespeichert, das bei der Verbrennung freigesetzt wird – auch wenn die Technik so weit fortgeschritten ist, dass die Verbrennung ansonsten

Die Technik

schadstoffarm abläuft. Überlegungen, das anfallende CO_2 zu lagern, indem es ins Erdreich gepumpt wird, können zurzeit keine Alternative darstellen, denn die Folgen dieser Lagerung sind noch nicht abzuschätzen.

Vor allem Erdgas gilt heute als sauberer Energieträger für Heizungsanlagen und in zunehmendem Maße auch in Kraftfahrzeugen als Ersatz für Erdöl. Erdgas ist generell tatsächlich etwas sauberer in der Verbrennung als Erdöl. Da es allerdings bei der Gewinnung, für die nutzbare Bereitung und den Transport Energie benötigt, ist Erdgas kein ökologisches Produkt in engerem Sinne. Auch bei der Verbrennung von Erdgas entsteht Kohlendioxyd. Die Technologien für die Anwendung von Erdgas in der Industrie und in privaten Bereichen sind so fortgeschritten, dass durch den vermehrten Einsatz von Erdgas politische Ziele zur Umweltentlastung kurzfristig erreicht werden können. Da jedoch mit abnehmenden Ölreserven vermehrt auf die Nutzung von Erdgas gesetzt wird, das nach heutigen Erkenntnissen noch fast zweihundert Jahre verfügbar ist, werden die Verfahren zur Förderung von Erdgas für uns und unsere Umwelt immer problematischer. Inzwischen werden Stimmen laut, die in der Gesamtbilanz unter den zukünftigen und teilweise jetzigen Voraussetzungen die Verwendung von Erdgas statt Öl oder Kohle für den Menschen und die Atmosphäre als schädlicher ansehen. Aus diesem Grunde ist es notwendig, Erdgas als alternative Energieversorgung zu vermeiden und unsere Energieversorgung langfristig aus erneuerbaren Quellen zu bestreiten.

Hydraulic Fracturing
Erdgas befindet sich sowohl in konventionellen als auch in unkonventionellen Lagerstätten nicht in Blasen, sondern in Gesteinsporen in Tiefen von bis zu 5.000 Metern oder mehr.
Sind die Gesteinsporen hinreichend miteinander verbunden, kann das Erdgas von allein zum Bohrloch fließen, sobald das Gestein angebohrt und damit druckentlastet wird. Sind die Gesteinsporen nicht hinreichend miteinander verbunden, werden mithilfe

Die Beheizung

des Hydraulic Fracturing Verfahrens (kurz: Fracking) zunächst Fließwege geschaffen. Hierzu werden im gering durchlässigen Gestein künstlich Risse erzeugt. Dazu wird mit hohen Drücken eine gelartige Frac-Flüssigkeit, die hauptsächlich aus Wasser besteht, durch das Bohrloch in die Lagerstätte gepumpt. Dadurch entstehen im Speichergestein rund um das Bohrloch feine Risse (englisch: fractures). Damit der Gesteinsdruck die so entstandenen kleinen Risse nach dem Abstellen der obertägigen Pumpen nicht wieder schließt, werden mit dem Wasser stabile Stützmittel in die Risse eingebracht, die die künstlichen Fließwege offenhalten. Bei diesen Stützmitteln handelt es sich um Keramikkügelchen oder Quarzsand. Die Durchlässigkeit des Speichergesteins und somit die Förderrate werden mit Hilfe dieser Maßnahme um ein Vielfaches gesteigert.

Das Fracking-Verfahren wird in Deutschland seit über 50 Jahren in der Erdgasförderung angewandt, um eine – wirtschaftlichere – Förderung zu ermöglichen. Rund ein Drittel der deutschen Erdgasförderung ist bereits unter Anwendung der Fracking-Technologie generiert worden. Auch in der tiefen Geothermie wird seit mehreren Jahren gefrackt.

Quelle: Exxon mobile. www.erdgassuche-in-deutschland.de

Solange Strom verwendet wird, der zur Beheizung eines Hauses nicht direkt vor Ort durch Sonne, Wind oder Wasserkraft umweltfreundlich und wirtschaftlich erzeugt werden kann, stellt er die schlechteste Alternative dar. Fernwärme ist nur dann sinnvoll, wenn die Wege zu den Abnehmern nicht zu lang sind und keine zu großen Verluste der Wärme während des Transportes erfolgen. Außerdem sollte die erzeugte Wärme ein Abfallprodukt von Großanlagen (Kraftwerke, Müllverbrennung) sein.

Sonnenkollektoren bilden einen Anfang in der Erzeugung von Wärme durch die Sonne. Je nach Breitengrad sind hier wirtschaftliche Lösungen möglich. In den nördlichen Ländern ist leider noch nicht zu viel von dieser

Die Technik

Technik zu erwarten. Sicherlich kann auch in den nördlichen Breitengraden genügend Wärme erzeugt werden, um je nach Größe der Anlage die Warmwasserversorgung zu gewährleisten und die Heizanlage zu unterstützen. Bisher sind für den Verbraucher Sonnenkollektoren ökonomisch jedoch nur interessant, wenn vom Staat Zuschüsse gezahlt werden. Gesellschaftlich können solche Anlagen nur akzeptiert werden, weil sie einen Entwicklungsschritt zu besseren Lösungen darstellen.

Bei allen Entwicklungen muss die Frage gestellt werden, ob der energetische Aufwand zur Herstellung ökologisch in einem vernünftigen Verhältnis zur späteren Energieausbeute steht. Eine weitere Frage betrifft die globale soziale Komponente. Für die Herstellung von Anlagen zur alternativen Energieherstellung werden Rohstoffe verwendet, die preiswert aus weniger entwickelten Ländern importiert werden. Wenn diese Länder später einmal selbst Bedarf nach diesen Rohstoffen haben, stehen ihnen diese eventuell nicht mehr ausreichend und vor allem nicht mehr günstig zur Verfügung. Durch dieses Aufkaufen von Rohstoffen durch die reichen Nationen wird der Unterschied zwischen armen und reichen Staaten nicht nur zementiert, sondern noch ausgebaut. Ein Beispiel dieser Entwicklung ist die aktuelle Verfügbarkeit von „Seltenen Erden". Der Hauptlieferant ist China. Die westlichen Nationen hatten fast ihren gesamten Bedarf günstig von China bezogen ohne andere oder auch eigene Quellen zu erschließen. Der eigene Bedarf trat in China noch rechtzeitig ein, um im eigenen Land ausreichend Erden zur Verfügung zu haben. China reduzierte aus eigenem Interesse den Export und wurde von den importierenden Nationen an den Pranger gestellt, weil deren Kalkül nicht aufgegangen war.

Das richtige Heizsystem finden

Die üblichen Heizanlagen sind Warmwasserheizungen. Warmwasserheizungen haben den besten Wirkungsgrad, wenn die Vorlauftemperatur des Wassers möglichst niedrig gehalten wird. Um das zu erreichen, muss die Oberfläche eines Heizkörpers möglichst groß sein.

Die preiswerteste und am häufigsten verwendete Variante zur Verteilung der Wärme in Häusern erfolgt mit

Plattenheizkörpern. Nach dem Stand der Technik werden Plattenheizkörper jeweils dort in den Räumen aufgestellt, wo der höchste Wärmeabfluss ist. Plattenheizkörper funktionieren überwiegend als Konvektionsheizung, da durch die Raumgrößen und Aufstellmöglichkeiten die Plattenfläche begrenzt ist und daher mehrere Platten hintereinander montiert werden müssen. Bei Konvektionsheizungen strömt über den Heizkörper die erwärmte Luft nach oben und streicht unter der Decke zur gegenüberliegenden Wand, um dann als abgekühlte Luft nach unten zu sinken und über dem Fußboden wieder zum Heizkörper zu ziehen. Dieser Wärmestrom sorgt dafür, dass in den Räumen keine gleichmäßige Wärmeverteilung vorliegt. Die Oberflächentemperatur der raumumfassenden Gebäudeteile ist in diesem Fall geringer als die Lufttemperatur. Dadurch kann es uns trotz ausreichender Raumtemperatur kühl vorkommen, weil von den kalten Außenwänden dem Körper Wärme entzogen wird. Abhilfe schaffen in diesem Fall Heizungen mit einem hohen Strahlungsanteil. Wir kennen alle den Effekt, dass es trotz niedriger Temperaturen bei Windstille draußen im Sonnenschein angenehm warm ist. Die Sonne ist der größte „Strahlungsheizkörper", den wir kennen.

So schafft man mit möglichst großen Heizflächen einen hohen Strahlungsanteil in der Wohnung und trägt damit zum Wohlbefinden der Bewohner und zur Einsparung von Energiekosten bei, denn um sich behaglich zu fühlen, wird bei Strahlungsheizungen eine um ein bis zwei Grad geringere Raumtemperatur gegenüber Konvektionsheizungen benötigt. Der Nachteil dieser Heizsysteme ist, dass sie bei der Anschaffung höhere Kosten verursachen und bei einem eventuell eintretenden Schaden die Reparatur teurer ist.

Die gebräuchlichste Heizung mit einem hohen Strahlungsanteil ist die Fußbodenheizung. Durch die etwas höhere Temperatur im Fuß- und Beinbereich werden allerdings die Venen höher belastet, was für die Gesundheit nicht optimal ist. Besser sind aus dieser Sicht Fußleisten- und Wandheizungen. Ihr Nachteil liegt darin, dass man sich frühzeitig um die Möblierung Gedanken machen

Die Technik

muss und sich auf Dauer festlegt. Denn es ist nicht sinnvoll, vor die Wandheizung einen Schrank zu stellen. Bei einer Wandheizung wird wie bei einer Fußbodenheizung die komplette Fläche erwärmt. Die aus zirka dreißig Zentimeter hohen Heizkörpern bestehende Fußleistenheizung ist so konzipiert, dass sie die dahinter liegende Wand erwärmt und diese die Wärme in den Raum abstrahlt.

Einzelfeuerstätten (Öfen, Kamine und Kachelöfen) haben je nach Größe ebenfalls einen hohen Strahlungsanteil. Je größer die Oberfläche des Ofens und dadurch dessen Masse ist, desto länger wird die Wärme gehalten. Die Öfen werden jedoch in der Regel als Zusatzheizung verwendet. So kann man mit der Heizanlage die Raumtemperatur niedriger halten und bei Bedarf mit der Einzelfeuerstelle zuheizen.

Eine weitere Alternative zum Heizen von Gebäuden mit Holz ist der Bullerjan, ein Warmluftofen aus Kanada. Er hat eine sehr gute Verbrennung und hohe Heizleistung, liefert allerdings durch seine kompakte Form eine verhältnismäßig geringe Strahlungsenergie. Darüber hinaus muss er einzeln befeuert werden und es bedarf zumindest einer Überwachung und einem Nachfüllen mit Holz.

Aus der Praxis: In meinem Haus habe ich einen Kachelofen. Die Raumtemperatur liegt zwischen 19 und 20 Grad. Bei Bedarf verheize ich drei bis vier Holzscheite und erreiche damit für zwei Tage eine drei bis fünf Grad höhere Raumtemperatur. Der Nachteil dieser Heizungsart ist, dass man „nachlegen" muss.

Es ist auch möglich, einen Kachelofen zur Beheizung eines ganzen Hauses zu verwenden. Vor Jahren habe ich ein Haus in dieser Art in Hamburg gebaut. Die Bauherrin wünschte zur Beheizung einen Kachelofen, der aber nicht den Nachteil des Holznachlegens haben durfte. Den Grundriss gestaltete ich so, dass der zweieinhalb Meter hohe Kachelofen im Zentrum des Hauses liegt und mit seiner großen Oberfläche sechs Räume des Hauses beheizt. Lediglich das Besucherzimmer und die Gästetoilette werden mit von diesem Ofen erwärmter Warmluft über ein Lüftungsrohr beheizt. Der Ofen wird mit Gas betrieben, um den Komfort zu erhöhen und erwärmt zusätzlich das Brauchwasser für das Bad und die Küche.

Soll auf eine zentrale Heizversorgung mit Plattenheizkörpern nicht verzichtet werden, kann hier durch Veränderung der Heizplatten für einen höheren Anteil an Strahlungsenergie gesorgt werden. So habe ich bei einem Mehrfamilienhaus in der Küche eine über zwei Quadratmeter große einschichtige Platte aufrecht am Essplatz geplant und die Bauherren bestätigten mir, dass hier im Winter der Platz in der Wohnung wäre, wo sie sich am liebsten aufhielten.

Eine weit verbreitete Heizungsart in den angelsächsischen Ländern ist die Erwärmung von Wohnungen durch Warmluft. Der Vorteil liegt in einer schnellen Erwärmung von Räumen, auch wenn sie schlecht gedämmt sind. Die Warmluftheizung eignet sich besonders für Gebäude, die nicht dauernd beheizt werden müssen oder auch für Niedrigenergiehäuser. Nachteile sind der Arbeitsaufwand durch Filterreinigung, Geräuschentwicklung durch eventuell eingebaute Ventilatoren, kalte Oberflächentemperaturen von massiven Wänden, Zugerscheinungen, Staubverwirbelungen, höhere Kosten und unterschiedliche Temperaturschichtungen. Moderne Anlagen sind jedoch so konzipiert, dass einige dieser Nachteile vernachlässigbar sind.

Während in den nördlichen Breiten die Beheizung von Gebäuden zu den größten Energieverbrauchern zählt, sind es in den südlichen Ländern, vor allem den reichen Nationen, die Klimaanlagen. Aus ökologischer Sicht sollte möglichst keine technische Klimatisierung der Innenräume erfolgen, denn die technische Klimatisierung von Gebäuden erfordert einen höheren Energieaufwand als das Heizen. Und eine dauerhaft gute Raumluftqualität kann nur garantiert werden, wenn eine regelmäßige Wartung der Klimaanlage erfolgt. Dies gilt nicht nur für kleine, sondern auch für große Gebäude, Büro- und Industriebauten. Daher ist es wichtig, die

Gebäude so zu konzipieren, dass sie möglichst ohne das technische Abkühlen von warmer Luft durch eine Klimaanlage ein angenehmes Raumklima gewährleisten. Heute gibt es in vielen Ländern die Möglichkeit, durch bauliche Maßnahmen und Gestaltung des Wohnumfeldes auf Klimaanlagen zu verzichten. Wo dies nicht möglich ist, sollte die Energieversorgung der Geräte über verbrauchsnahe Solar-, Wind-, Wasser- oder Wärmepumpenanlagen erfolgen.

Die Elektrifizierung

Ohne Strom geht in unserer heutigen Zeit nichts mehr. In unseren Häusern nutzen wir Strom für die Beleuchtung, zum Telefonieren, für die Regelung von Heizanlagen, für Küchengeräte, zum Rasieren und Zähneputzen, für die Unterhaltung und mit dem Computer. Hinzu kommen sicherheitstechnische Anlagen. In der Zukunft werden wir den Weg beschreiten, die Häuser so auszurüsten, wie es heute bereits bei Kraftfahrzeugen üblich ist: mit elektrischen Tür- und Fensteröffnern, funkferngesteuerten Elektrogeräten usw. Doch solange der Strom mit fossilen Energieträgern erzeugt wird, ist er nicht so umweltfreundlich, wie man es ihm häufig zuschreibt. So kommt beim Verbraucher nur etwa ein Drittel der benötigten Primärenergie als nutzbare Energie an. Das bedeutet, nur etwa 30 Prozent der Energie, die in den Primär-Energieträgern steckt, können genutzt werden. Der größte Teil geht als Reibungsverluste oder Abwärme verloren. Der Transportverlust des Stromes über die Leitungen beträgt durchschnittlich etwa vier Prozent. Der Wirkungsgrad von Großkraftwerken liegt somit bei 33 Prozent. Umweltgerechtes Verhalten bedeutet für uns alle, den Verbrauch von Strom zu reduzieren!

Ein ökologisch gebautes Haus verbraucht wenig Strom, weil
- es nicht mit unnötigen „Stromfressern" ausgerüstet ist;
- die elektrischen Geräte und Verbraucher energiesparend sind;

Die Elektrifizierung

- das Tageslicht so optimal wie möglich genutzt wird;
- manuell zu betreibende Geräte dort benutzt werden, wo sie den elektrischen Geräten im Komfort nicht wesentlich nachstehen.

Die benötigte elektrische Energie sollte möglichst von regenerativen Quellen (Wind, Sonne, Wasser) erzeugt werden. Eine vieldiskutierte Variante der Elektrifizierung von Häusern ist die Einrichtung einer Photovoltaikanlage. Die heutigen Anlagen haben in unseren Breitengraden schon einen recht hohen Wirkungsgrad und können einen wesentlichen Beitrag zur Gesamtenergieeinsparung leisten. Wirtschaftlich sind bei uns Photovoltaikanlagen für Privatpersonen lediglich durch Subventionen zu betreiben.

Sowohl von elektrischen Geräten als auch von Leitungen und Funkwellen gehen elektrische und elektromagnetische Felder aus, die auf uns einwirken. Vor der Abstrahlung elektromagnetischer und elektrischer Felder sowie vor Mikrowellen können wir uns kaum schützen, wenn wir auf den Komfort entsprechender Geräte nicht verzichten möchten. Es bleibt uns dann nur, die Geräte mit dem geringsten Strahlenanteil oder dem niedrigsten Stromverbrauch zu wählen, um umweltbewusster zu handeln. All diese technischen Errungenschaften sind nicht ökologisch und werden es auch niemals sein. Die einzig wahre ökologische Handlung wäre, darauf zu verzichten. Aber wer möchte das schon? Deswegen ist ein etwas umweltbewussteres Handeln nur möglich mit der Wahl des richtigen Gerätes, der Anschaffung eines langlebigen Produktes mit möglichst niedrigem Energieverbrauch.

Schutz vor elektromagnetischen Feldern

In welcher Form und wie schädlich elektrische und elektromagnetische Felder sind, ist umstritten. Unstrittig dagegen ist die Einsicht, dass die Funktionen in unserem Körper durch elektrische Impulse aufrechterhalten werden, die um ein Vielfaches kleiner sind als die Felder, denen wir ausgesetzt sind. Nur elektrosensible Menschen können einen Zusammenhang zwischen ihrem Befinden und dem Elektrosmog herstellen, da sie dessen Auswirkungen unmittelbar spüren. Wer in einem ökologisch

Die Technik

gebauten Haus wohnt, ist der Gesamtbelastung durch Schadstoffe und elektrische Felder auf jeden Fall weniger ausgesetzt als Bewohner eines herkömmlichen Gebäudes. Es kann sogar damit gerechnet werden, dass die Entscheidung für Naturprodukte beim Gebäude dazu führt, dass ein Teil der eventuell noch vorhandenen Belastungen durch die natürlichen Baumaterialien vermindert wird. Die erste Frage, die wir uns bei der Ausstattung unseres Hauses oder unserer Wohnung stellen sollten wäre, welche Elektrogeräte benötigen wir tatsächlich und welche Geräte lassen sich ohne Komfortverlust einsparen oder durch mechanische Geräte ersetzen.

Elektrische Felder gehen auch von Leitungen aus, selbst wenn kein Verbraucher eingeschaltet ist. Beim Einschalten eines Verbrauchers entstehen zusätzlich elektromagnetische Wellen. In einem ökologisch gebauten Haus werden daher so wenig elektrische Leitungen wie möglich verlegt. Man sollte sich vor der Planung sorgfältige Gedanken darüber machen, wo tatsächlich Stromanschlüsse benötigt werden, wie viel Licht erforderlich ist und welchen Nutzen die elektrischen Verbraucher tatsächlich haben. Die Automatisierung des Hauses sollte so niedrig wie möglich gehalten werden. Auf Geräte, die durch mechanische ersetzt werden können, wird verzichtet.

Achtung: Elektrosmog!
Gut untersucht und wissenschaftlich nachgewiesen sind die folgenden Zusammenhänge:

Niederfrequente elektrische und magnetische Felder beeinflussen die körpereigenen elektrischen Ströme und wirken auf Sinnes-, Nerven- und Muskelzellen. Es handelt sich dabei um Reizwirkungen, die, wird ein bestimmter Schwellenwert überschritten, zur Störung von Körperfunktionen führen können.

Hochfrequente elektromagnetische Felder dringen wenige Zentimeter in den Körper ein. Dort werden sie absorbiert und in Wärme umgewandelt. Das Körpergewebe kann hier durch große Hitze – also ab einer bestimmten Strahlungsintensität – geschädigt

Die Elektrifizierung

werden. Es handelt sich um sogenannte thermische Wirkungen.

Hoch- und niederfrequente Felder können selbst dann, wenn die gesetzlichen Grenzwerte eingehalten werden, die Leistung von Herzschrittmachern und anderen medizinischen Implantaten beeinträchtigen.

1997 wurden die gesetzlichen Grenzwerte zum Schutz der Bevölkerung vor elektromagnetischen Feldern auf der Basis gesicherter wissenschaftlicher Erkenntnisse festgelegt. Die „Verordnung über elektromagnetische Felder" legt Grenzwerte fest für ortsfeste Sendefunkanlagen (z. B. des Mobilfunks) und für Stromversorgungsanlagen (Hochspannungsfreileitungen, Stromnetz der Bahn etc.). Für das Umweltministerium Nordrhein-Westfalen sind die angesprochenen wissenschaftlichen Unklarheiten und Unsicherheiten Anlass genug, um für die Vorsorge zu werben. Wie immer auch der wissenschaftliche Streit ausgehen wird, elektrische und magnetische Felder sollten immer – und im Rahmen der technischen und wirtschaftlichen Möglichkeiten – so gering wie möglich gehalten werden.

Jeder Einzelne kann seine Strahlenbelastung beim Umgang mit Geräten und Strahlungsquellen einschränken. Für den Bau von Mobilfunksendeanlagen existieren auf Bundesebene freiwillige Vereinbarungen und es gibt die Mobilfunkvereinbarung für Nordrhein-Westfalen, die beide einen Ausgleich zwischen wirtschaftlichen Interessen und dem Schutzbedürfnis der Bürger ermöglichen. Das nordrhein-westfälische Umweltministerium führt selbst Messungen vor Ort durch, mit denen die tatsächlichen Belastungen ermittelt werden. Gefahren können so rechtzeitig erkannt und bekämpft werden. Mittlerweile kommen neue Strahlungsquellen hinzu: drahtlose Funksysteme wie WLAN und Bluetooth, Technologien in Verkehrssystemen, Diebstahlsicherungssyteme und digitales Fernsehen. Das Umweltministerium ist der Auffassung, dass hier mehr gezielte Forschung betrieben werden muss. Die Chancen und Risiken

Die Technik

> von Zukunftstechnologien sollten im offenen Dialog behandelt werden.
> Quelle: Ministerium für Umwelt- und Naturschutz Nordrhein-Westfalen

Ist die Entscheidung über die Elektrifizierung des Hauses getroffen, erfolgt als zweiter Schritt die Überlegung, wie man sich vor den verbleibenden elektrischen und elektromagnetischen Feldern schützen kann. Dabei verdienen die Räume, in denen man sich besonders häufig und lange aufhält, zum Beispiel der Schlafraum, besondere Aufmerksamkeit.

Die Strahlung der Elektroinstallation lässt sich so weit wie möglich durch die Verwendung von abgeschirmten Kabeln und Installationsmaterial reduzieren. Für Räume, in denen es technisch möglich ist, können Netzfreischalter verwendet werden. Netzfreischalter können von jedem Elektroinstallateur am Sicherungskasten statt normaler Sicherungen eingesetzt werden und bewirken, dass nur dann Strom in den angeschlossenen Kreisen fließt, wenn ein Verbraucher eingeschaltet ist. Nun besteht leider nicht immer die Möglichkeit, die Stromkreise dort frei zu schalten, wo es als notwendig erachtet wird. So kann im Geschossbau das eigene Schlafzimmer an die Küche des Nachbarn angrenzen oder die Wohnräume im Erdgeschoss befinden sich über dem Technik- und Hausanschlussraum. In diesen Fällen kann jedoch viel mit Abschirmfarben, Abschirmvliesen oder Abschirmtapeten erreicht werden (siehe Seite 90). Das Vorhandensein von Feldern und deren Stärke kann mit speziellen technischen Geräten gemessen werden und somit kann auch der Erfolg der ausgeführten Abschirmmaßnahmen überprüft werden. Die elektrischen Felder werden mit einem Voltmeter und die magnetischen Felder mit einem Teslameter gemessen.

Aus der Praxis: Ich habe selbst Erfahrung mit diesen Feldern gesammelt. Wider besseren Wissens hatte ich über meinem Bett einen 12 Volt Punktstrahler angebracht, weil ich vor dem Schlafen gerne lese. Ich lag für

Die Elektrifizierung

einige Tage mit einer Grippe im Bett und als das Fieber dabei war abzuklingen, wollte ich mit meinem hochwertigen batteriebetriebenen Weltempfänger Radio hören. Ich hatte die Beleuchtung über meinem Bett eingeschaltet, doch mein Radiogerät gab nur Rauschen von sich und ich glaubte schon, es wäre defekt. Als ich jedoch das Licht ausschaltete, funktionierte der Weltempfänger wieder einwandfrei. Die Felder der Beleuchtung störten den Radioempfang. Nach meiner Genesung entfernte ich sofort die Lampe.

Beim Backofen und den Kochfeldern muss man sich zwischen Elektro- und Gasgeräten entscheiden. Ein ökologischer Vorteil gebührt dem Gas (siehe Seite 82). Sollte jedoch ein Elektroherd vorgezogen werden, dann stellt sich die Frage, ob man besser mit einem Induktionskochfeld oder einem herkömmlichen Kochfeld bedient ist. Der Vorteil eines Induktionskochfeldes liegt vor allem darin, dass sich die Wärme zum Kochen ähnlich wie bei einem Gasherd verhält. Dadurch wird der Stromverbrauch reduziert. Leider sind mit der Verwendung von Induktionsherden noch nicht endgültig einschätzbare Risiken verbunden (www.strahlentelex.de, Magnetische Wechselfelder von Induktionskochfeldern, 2012). So sollten Träger von Herzschrittmachern zum Beispiel beim Betrieb der Induktionskochfelder Vorsicht walten lassen.

Technische Ausstattung der Küche

Während ein gewöhnlicher Herd eine Betriebsfrequenz von fünfzig Hertz hat, liegt diese bei einem Induktionskochfeld um das Tausendfache höher und damit steigt die magnetische Flussdichte über 0,2 Mikrotesla. Bei noch höheren Werten wird eine Zunahme der Kinderleukämie festgestellt. Solange für Induktionskochfelder keine eindeutigen Nachweise für deren Unschädlichkeit vorliegen, ist von deren Gebrauch abzuraten.

Die neueren Backöfen weisen eine wesentlich bessere Wärmedämmung auf und sind somit energiesparender als alte Geräte.

Ebenso wie Induktionskochplatten haben Mikrowellengeräte eine besondere Problematik und man sollte sich genau überlegen, ob die Anschaffung sinnvoll ist.

Die Technik

Nach den Aussagen der meisten Publikationen über die Gefährdung durch Strahlung aus der Mikrowelle sei hier nichts zu befürchten. Es bestehe lediglich ein Risiko, wenn mit defekten Geräten erhitzt wird. Allerdings gibt es hierzu auch andere Untersuchungen, die ein größeres Risiko erkennen lassen und zwar nicht nur in Bezug auf die direkte Strahlung, sondern auch über die Auswirkungen der in der Mikrowelle erhitzten Lebensmittel auf den Menschen (www.strahlung-gratis.de, Mikrowellen 2012). Inzwischen unbestritten ist zum Beispiel die Gefahr, dass sich bei der Erwärmung der heute beliebten Körnerkissen die Spelze zu stark erhitzen und nach dem Entfernen aus der Mikrowelle zu brennen beginnen können (www.schadenhilfe.de, 2012).

Zur Elektrifizierung des Hauses gehört auch die künstliche Beleuchtung. Zu diesem Thema folgt ein gesonderter Beitrag ab Seite 145.

Kommunikationsleitungen

Die meisten Menschen, die über einen Festnetzanschluss verfügen, verwenden ein schnurloses Telefon mit Ladestation. Viele, vor allem jüngere Menschen, besitzen gar keinen Festnetzanschluss für ihr Telefon mehr und benutzen ausschließlich ihr Mobiltelefon. In beiden Fällen wird das Telefonieren mit solchen Geräten nicht einmütig als völlig gefahrlos eingestuft. In den letzten Jahren wurde die Höhe der Strahlung bei beiden Arten von Geräten verringert. Dennoch ist es nicht eindeutig geklärt, inwieweit schnurlose Telefone auf Dauer auf unsere Gesundheit einwirken.

Gegenüber der Basisstation, deren Strahlung bereits in geringer Entfernung abnimmt, kommt beim Mobiltelefon, das direkt am Körper/Kopf gehalten wird, noch die Erwärmung des Gewebes als mögliche Gefahrenquelle in Betracht. Zwar hat ein Mobiltelefon im Alltag wesentliche Vorzüge, zum Beispiel bei einem Notruf, und auch das schnurlose Telefon hat seine Vorteile – es ermöglicht beispielsweise während des Telefonierens noch andere

Arbeiten zu verrichten. Um aber auf Nummer Sicher zu gehen, ist es ratsam, zum Telefonieren möglichst keine schnurlosen Festnetztelefone zu benutzen bis tatsächlich eine zuverlässige Aussage darüber gemacht werden kann, dass die Strahlung für unseren Körper gefahrlos ist.

Ähnlich verhält es sich mit den Internetanschlüssen. Aus den gleichen Gründen wie beim Telefonieren sollte auf eine W-Lan-Verbindung (wireless local area network) nur dann zurückgegriffen werden, wenn ein Kabelanschluss nicht möglich ist. Ein Beitrag für unsere Gesundheit und zum Umweltschutz ist, bei der Verbreitung der modernen Kommunikation möglichst auf Erdkabelverbindung zu setzen.

Auch dem Trend, durch Funkfernsteuerung viele Funktionen in unseren Häusern zu steuern, gilt es skeptisch gegenüber zu treten. Wie es bei derartigen technischen Errungenschaften üblich ist, werden die Techniker in der Entwicklung schneller sein als Aussagen über die biologische Wirkung auf die Menschen getroffen werden können. Auch hier gilt im eigenen und im Interesse der Umwelt solange zu verzichten, bis die Unbedenklichkeit zweifelsfrei geklärt ist.

Moderne Kommunikationseinrichtungen haben nicht nur eine Wirkung auf unseren Körper. Sie beeinflussen auch die sozialen Strukturen der Gesellschaften und können eine psychische Belastung für jeden Einzelnen darstellen. Bei den Untersuchungen zu diesen Themen wird allzu oft außen vorgelassen, dass die ständige Verfügbarkeit, die wir von uns erwarten, psychischen Druck aufbauen kann, der zu sozialen und psychischen Auffälligkeiten führt. Denn neben den Allergien sind auch psychische Erkrankungen in unserer Gesellschaft immer häufiger anzutreffen.

Nicht nur in der eigenen Wohnung sollte für eine störungsfreie Zone gesorgt werden, sondern auch am Arbeitsplatz. Die höheren Investitionen für den Arbeitgeber können sich schon sehr bald amortisieren, weil sich die Mitarbeiter wohler fühlen und damit ihre Leistungen und Belastbarkeit steigen sowie die Ausfallzeiten wegen Krankheit zurückgehen.

Die Technik

Wasser- und Abwasserversorgung

Wasser ist ein kostbares Gut. Nur in wenigen Ländern werden die Menschen so zuverlässig wie in Deutschland mit klarem und reinem Wasser versorgt. Gerade aus diesem Grunde ist es wichtig, sparsam mit unserem Trinkwasser umzugehen. Das gilt sowohl für die Verbraucher wie auch für die Versorger. Wenn wir verantwortungsbewusst mit dem Wasser umgehen wollen, ist es wichtig, dass wir nicht nur energiesparende, sondern auch wassersparende elektrische Geräte verwenden. Auch beim Waschen und Duschen sollten wir darauf achten, den Wasserverbrauch niedrig zu halten. Ökologisch Leben heißt, unsere Ressourcen verantwortungsbewusst zu nutzen und nicht zu verschwenden.

Bei Trockenheit ist es beispielsweise nicht notwendig, im Garten alle Pflanzen, auch die Zierpflanzen, umgehend mit Wasser zu versorgen. Ein richtig angelegter Garten wird Trockenphasen schadlos überstehen. Selbst ein brauner Rasen wird wieder grün. Wenn bewässert werden muss, sollte selbst gespeichertes Regenwasser genutzt werden.

Um den Wasserverbrauch beim Händewaschen so niedrig wie möglich zu halten, können Sanitärbatterien mit Sensoren eingebaut werden. Das Wasser fließt nur dann, wenn die Hände unter den Wasserhahn gehalten werden. Sollte man den damit verbundenen Energieverbrauch und die technische Ausstattung nicht mögen, gibt es eine Alternative, die ich in einem Restaurant erlebte: Dort war der Wasserhahn über eine Fußtaste zu bedienen.

Die Reinheit unseres Trinkwassers ist durch viele von uns Menschen verursachte Einflüsse gefährdet. In der Landwirtschaft werden die Felder überdüngt und die Pflanzen mit Bioziden besprüht. Die nicht von den Pflanzen aufgenommenen Biozide werden dann durch den Regen in das Grundwasser gewaschen. Weitere Verunreinigungen unseres Grundwassers erfolgen durch den Einsatz von Chemikalien in Haushalt und Industrie, durch Unfälle mit Energieträgern, durch Unachtsamkeiten oder

Fehler beim Abbau und beim Transport von Rohstoffen sowie durch Biozidauswaschungen bei Kunststofffassaden von Wärmedämmsystemen.

Die Aufbereitung unseres Wassers zu Trinkwasser wird in der Folge immer aufwändiger und kostspieliger. Um unbelastetes Wasser zu fördern, müssen die Brunnen immer tiefer gebohrt werden. Eine berechtigte Forderung ist deshalb die Trennung unserer Wasserversorgung in Brauch- und Trinkwasser. Doch solange die Politik mangels äußerer Einflüsse, vor allem aus ökonomischer Sicht, hierzu nicht bereit ist, müssen sich die verantwortungsvoll denkenden Menschen in ihrem Umfeld selber helfen.

Trennung von Trink- und Brauchwasser

Neben den diversen Sparmöglichkeiten im Haushalt kann man das anfallende Abwasser in eigenen Pflanzenkläranlagen reinigen und ein weiteres Mal zum Waschen oder für die Toilettenspülung nutzen. In einigen Häusern habe ich Trockentoiletten eingebaut, die für eine geruchslose Kompostierung der Abfälle sorgen und deren Gebrauch genauso bequem ist wie die Nutzung von Spültoiletten. Diese Trockentoiletten kommen gänzlich ohne Wasser aus. Die Fäkalien in den Trockentoiletten werden zu wertvollem hygienischen Humus umgewandelt.

Unser Trinkwasser wird durch Leitungen in unsere Häuser befördert. Früher waren diese Leitungen aus Blei. Inzwischen dürfen nur noch Kupfer-, Edelstahl- und Kunststoffleitungen verwendet werden. Für welche Art von Leitungen man sich im Haus entscheidet, sollte im Wesentlichen von der Wasserqualität abhängig gemacht werden. Eine Besprechung mit den örtlichen Wasserversorgern ist deswegen vor dem Einbau der Leitungen sehr sinnvoll.

Während vor allem Kupferleitungen, je nach Wasserhärte, relativ lange nach dem Einbau Kupfer in das Trinkwasser abgeben können, neigen Kunststoffleitungen dazu zu verkeimen. Wurde über längere Zeit kein Wasser entnommen, ist es sinnvoll, zum Kochen und Trinken das in den Leitungen stehende Wasser ablaufen zu lassen. Bei Zweifeln über die Wasserqualität im eigenen Haus ist es möglich, das Wasser über die Wasserwerke oder ein privates Prüfinstitut untersuchen zu lassen.

Die Technik

Obwohl seit Jahrzehnten keine Bleileitungen mehr verbaut werden, sind viele alte Häuser noch mit Bleileitungen ausgerüstet. Hier ist es ratsam, die alten Bleileitungen von einem Fachbetrieb austauschen zu lassen.

Wasserleitungen müssen außen isoliert werden: die Warmwasserleitungen, damit nicht unnötig Energie verschwendet wird und die Kaltwasserleitungen zur Vermeidung von Tauwasser. Hierzu werden im Allgemeinen Schaumstoffschläuche verwendet. Ökologisch besser, leider auch etwas umständlicher und teurer, ist die Isolierung mit natürlichen Stoffen wie Wolle. Bei den Kaltwasserleitungen sind aber unbedingt Dampfsperren mit zu verarbeiten, um Tauwasserbildung auf den Leitungen und damit Korrosion und herab tropfendes Wasser zu vermeiden.

Die Inneneinrichtung

Die Inneneinrichtung

Die Menschen werden sich im Laufe der Zeit immer weniger in der Natur aufhalten. Diese Entwicklung ist ökologisch betrachtet nicht wünschenswert, aber leider wird sie nicht aufzuhalten sein. Durch die technische Entwicklung werden viele Aufgaben im Arbeitsleben und im privaten Bereich vom Schreibtisch aus zu erledigen sein. Weltweit werden die Städte immer größer und deren Bebauung weiter verdichtet. Es sind inzwischen Häuser zum Leben für hunderttausende von Menschen in der Planung. In diesen Häusern werden Menschen wohnen, die unter Umständen ihr Leben lang keine natürliche Umgebung spüren werden. Es wird vor allem den sozial schwachen Menschen in diesen Wohngiganten ein Schicksal beschert, wie wir es heute schon Tieren in der Massentierhaltung zumuten: ein Leben ohne direktes Sonnenlicht!

Leider sind wir diesem Szenario schon jetzt ziemlich nah. Den größten Teil unseres Lebens halten wir uns in Räumen auf. Ein wichtiger Aspekt für unsere Gesundheit ist daher die Gestaltung eben dieser Räume, denn was nützt uns eine schadstofffreie Umgebung, wenn wir uns psychisch darin nicht wohl fühlen. Neben den

Einrichtungsgegenständen spielen daher die Farbauswahl, der Raumzuschnitt und die Lichtverhältnisse für unser Wohlbefinden eine wesentliche Rolle.

Die richtige Farbe

Unsere Psyche reagiert auf die Lichtverhältnisse in der freien Natur sehr empfindlich. So fühlen wir uns an Tagen mit Sonnenschein in der Regel wohler als in den trüben Novemberwochen. Sonne und ein heller Himmel lässt unsere Laune steigen. Je tiefer aber die Wolken hängen und je dunkler sie sind, desto trübsinniger werden wir. Ein heller Himmel heitert die Psyche auf. Dem hellen Himmel wird eine Bodenständigkeit entgegengesetzt. Das positive Empfinden in der freien Natur resultiert aus einem dunkleren Boden, der uns diese Bodenständigkeit vermittelt. Diesen Eindruck sollten wir auch in unsere vier Wände übernehmen und für die Decken hellere Farben als für die Wände und den Fußboden wählen.

Der Anspruch an die richtige Farbe ist ein doppelter. Einerseits kommt es bei der richtigen Farbwahl auf eine farblich richtige Gestaltung der Wohnräume an und andererseits auf die Auswahl des richtigen Anstrichmittels, das schadstofffrei sein muss und weder Mensch noch Umwelt belasten darf. Farbgestaltung und Farbwahl ist eines der umfangreichsten Themen in der Einrichtung und Planung von Räumen.

Farben und deren Kombination wirken auf die Psyche des Menschen. Es gibt allgemein anerkannte Wirkungen der Farben auf den Menschen aber auch persönliche Wirkungen. So ist es mit unterschiedlichen Farben und deren Kombination möglich, die Nutzung der Räume zu unterstreichen oder hervorzuheben. Durch die Auswahl der Farben wird eine Atmosphäre geschaffen, die die Tätigkeiten in den Räumen unterstützen kann. In einem ökologisch gebauten Haus sind die Einflüsse der Farben besonders zu berücksichtigen, um den Bewohnern eine für das Befinden und die Gesundheit förderliche Umgebung zu schaffen.

Die richtige Farbe

In den späten 1970er und den frühen 1980er Jahren wurden die ersten Firmen zur Herstellung von Naturfarben gegründet. Ein Auslöser für diese Bewegung waren damals verwendete Holzlasuren, die mit PCP (Pentachlorphenol) und Lindan als Insektizidzusätze in herkömmlichen Farbfabriken produziert wurden. Viele Menschen wurden durch diese Zusatzstoffe krank. Ihr Krankheitsbild verlief sehr unterschiedlich und daher war es nicht möglich, einen einheitlichen Bezug zu diesen Mitteln herzustellen. In der Interessengemeinschaft Holzschutzmittelgeschädigter bildete sich jedoch daraufhin eine Gemeinschaft, die ihre Forderungen auf Entschädigung von der Industrie für das ihnen zugefügte Leid wahrnahm. Über Jahre geführte Prozesse führten schließlich zu einem Teilerfolg, der jedoch weder zur Wiedergutmachung führte noch zu einer empfindlichen Bestrafung für die Verursacher.

Aus der Praxis: Einige wenige unserer Kunden waren durch PCP und Lindan soweit geschädigt, dass sie nicht mehr in vollem Umfang am allgemeinen Leben teilhaben konnten. Einer meiner Kunden konnte aus diesem Grunde sein neu gebautes Haus nicht bewohnen. Er schaffte es immerhin, durch künstlichen Luftaustausch und zusätzliche Erwärmung mit Heizgebläsen, Monate nach der Fertigstellung des Hauses in den Keller einzuziehen. Er war inzwischen so geschädigt, dass kleinste Belastungen, selbst in natürlichen Stoffen, zu heftigen Reaktionen, hauptsächlich Atembeschwerden, führten. Sein Körper reagierte mittlerweile selbst auf Naturdämmstoffe. Als Dämmung im Dachgeschoss vertrug er lediglich mehrere Lagen PE-Folien, die er zwischen die Sparren spannte. Der Dämmeffekt war dementsprechend gering.

In einem anderen Fall fanden wir in der Deckenverschalung eines Hauses, die vor über zwanzig Jahren angebracht wurde, noch immer das über einhundertfache der zugelassenen Werte der Schadstoffe PCP und Lindan.

Die Inneneinrichtung

> Die Belastung des Körpers mit geringsten Dosen von Schadstoffen über Jahre oder Jahrzehnte, oft technisch nicht nachweisbar, kann zu erheblichen gesundheitlichen Problemen führen. Die Ursache lässt sich häufig nur sehr schwer nachweisen. Aus diesem Grund kann ich nur empfehlen, ältere Holzverkleidungen von denen nicht bekannt ist, womit sie behandelt wurden, auf Schadstoffe überprüfen zu lassen.

Die Wirkungsweise von chemischen Stoffen oder ihren Kombinationen ist in den meisten Fällen noch unzureichend erforscht. Von dieser Warte aus gesehen ist es besser, auf die Produkte zurückzugreifen, bei denen keine Zweifel an ihrer Verträglichkeit bestehen. Der Staat ist in allen Bereichen eifrig bemüht, Kompromisse zwischen Umweltverträglichkeit und wirtschaftlichem Nutzen zu finden, so auch in der Produktion und Anwendung von Farben und Lacken. Hier liegt das Augenmerk zurzeit auf der Verringerung von flüchtigen organischen Verbindungen (VOC = volatile organic compound). Die Anwendung der Vorschriften zur Verringerung von VOC betrifft sowohl herkömmliche Hersteller als auch die Hersteller von Naturfarben. Da die Naturfarbenhersteller bereits seit Jahren an lösemittelfreien Farben arbeiten, war es für sie kein großer Schritt, die gewonnenen Erkenntnisse auf das komplette Programm anzuwenden und technisch hochwertige lösemittelfreie Farben zu produzieren. Anders sieht es bei den herkömmlichen Produzenten aus, die auch seit Jahren lösemittelfreie Farben im Programm führen. Diese lösemittelfreien Farben waren jedoch nur den gesetzlichen Bestimmungen gemäß lösemittelfrei. Das bedeutet, dass der gesetzlich erlaubte Lösemittelanteil nicht überschritten wurde. Viel zu wenig Beachtung findet hier die Belastung der Umwelt durch Weichmacher, die in synthetischen Farben und Kunststoffprodukten enthalten sind.

Während die konventionellen Anbieter das Hauptaugenmerk auf die technischen Eigenschaften der Anstrichmittel setzen und vor diesem Hintergrund die gesetzlich geforderte Konformität in Bezug auf Umweltschutz und Verträglichkeit für den Menschen erreicht werden soll, gehen die Naturfarbenhersteller den anderen Weg: Sie versuchen mit den Stoffen, die für Mensch und Umwelt keine Belastung hervorrufen, einen Anstrich zu entwickeln, der alle technischen Anforderungen erfüllt. In den Anfängen führte diese Vorgehensweise zu keinen befriedigenden Ergebnissen. Im Laufe der Entwicklung haben die Naturfarbenhersteller gegenüber den konventionellen Anbietern erheblich aufgeholt. Sie beliefern den Markt mit technisch gleichwertigen oder sogar höherwertigen Naturanstrichmitteln – mit dem Vorteil einer optimalen Umweltverträglichkeit und keiner Belastung für die Menschen.

Das Spektrum der Anstrichmittel der Naturfarbenhersteller ist inzwischen sehr umfangreich und ermöglicht, alle Anforderungen in diesem Bereich zu erfüllen. Es gibt Lacke, Öle, Lasuren, Kleber, Wandfarben, Außenfarben und Holzschutzmittel. Jeder, der neu baut oder in eine Wohnung zieht, wird mit Fragen nach dem korrekten Anstrich konfrontiert und muss sich für ein richtiges System entscheiden.

Für Massivholzmöbel, Massivholzfußböden oder Korkfußböden bieten alle Farbenhersteller unterschiedliche Systeme an. Meistens handelt es sich um farblose Lacke oder Öle. Bei beiden Systemen ist aber auch möglich, die Oberflächen farbig zu behandeln. Dabei kommen farbige Lacke oder lasierende Grundierungen zum Einsatz. Wie bei allen Produkten sollten Sie sich vor der Anwendung von Anstrichmitteln genauestens über die Inhalte informieren. In diesem Fall werden Sie sofort auf einen der wesentlichen Unterschiede von Natur- und synthetischen Farben stoßen: Naturfarbenhersteller geben bereitwillig über die Inhaltsstoffe ihrer Produkte Auskunft, während es bei den anderen Herstellern nahezu unmöglich ist, eine genaue Deklaration zu bekommen. Die herkömmlichen Produzenten berufen sich auf Betriebsgeheimnisse. Das versetzt den Verbraucher in die zweifelhafte Lage, eine persönliche Gefahreneinschätzung vornehmen zu müssen und den allgemeinen Aussagen des Produzenten

Anstrich und Behandlung von Massivholz und Kork

Die Inneneinrichtung

in Bezug auf Umweltverträglichkeit und Schadstofffreiheit zu vertrauen.

Tipp: Genau hinschauen bei Inhaltsstoffen von Ölen und Lacken! Inhaltsstoffe eines Möbelöls des Naturfarbenherstellers BIOFA: Leinöl, Holzölverkochung, Sojaöl, Ricinenöl, Bienenwachs, Kolophoniumharzester, Carnaubawachs, Kieselsäure, Zinkoxid, Cobaltbis(2-ethyl-hexanoat), Zirkonium- und Manganoktoat-Trockner, Antioxidans. Dagegen ein Ausschnitt aus dem Sicherheitsdatenblatt eines gewöhnlichen Ölherstellers:

ABSCHNITT 3: Zusammensetzung/Angaben zu Bestandteilen		
3.2 Chemische Charakterisierung: Gemische Beschreibung: Gemisch aus nachfolgend angeführten Stoffen mit ungefährlichen Beimengungen.		
Gefährliche Inhaltsstoffe:		
EG-Nummer: 918-167-1 Reg.nr.: 01-2119472146-39	Kohlenwasserstoffgemisch, C11-C12, Isoalkane Xn R65 R53-66 Asp. Tox. 1, H304; Aquatic Chronic 4, H413	20-40%
EG-Nummer: 920-107-4 Reg.nr.: 01-2119453414-43	Kohlenwasserstoffe, C12-C15 Xn R65 R66 Asp. Tox. 1, H304	20-40%
CAS: 64742-48-9 EINECS: 265-150-3 Indexnummer: 649-327-00-6 Reg.nr.: 01-2119486659-16-XXXX	Naphtha (Erdöl), mit Wasserstoff behandelte schwere Xn R65 R66 Asp. Tox. 1, H304	5-10%
CAS: 90622-57-4 EG-Nummer: 918-167-1	Kohlenwasserstoffe, C11-C12, iso-Alkane, <2 % Aromaten Xn R65 R10-53-66 Flam. Liq. 3, H226; Asp. Tox. 1, H304; Aquatic Chronic 4, H413	1-2,5%
CAS: 64742-48-9 EINECS: 265-150-3 Indexnummer: 649-327-00-6 Reg.nr.: 01-2119486659-16-XXXX	Naphtha (Erdöl), mit Wasserstoff behandelte schwere Xn R65 R10-66-67 Flam. Liq. 3, H226; Asp. Tox. 1, H304; STOT SE 3, H336	1-2,5%
CAS: 64-17-5 EINECS: 200-578-6 Indexnummer: 603-002-00-5 Reg.nr.: 01-2119457610-43-XXXX	Ethanol F R11 Flam. Liq. 2, H225	1-2,5%
	(Fortsetzung auf Seite 3)	

Gewerbliche Anwender werden Ihnen fast immer das Lackieren von Holzoberflächen empfehlen, weil sie diese Arbeit einfacher, schneller und damit preiswerter anbieten können. Als Begründung werden Sie dann hören, dass Lacke strapazierfähiger und einfacher in der Pflege sind. Das trifft für Produkte, die im normalen Wohnbereich und in Büros verwendet werden, nicht zu! Mit Naturölen behandelte und gewachste Holzoberflächen haben neben ihren ökologischen Vorteilen auch einen hohen praktischen und optischen Wert. Neben dem geringen Pflegeaufwand besteht der wesentliche Vorteil gegenüber lackierten Flächen darin, dass sie ausgebessert werden können. Kleine optische oder mechanische Verletzungen der Oberfläche lassen sich problemlos beheben. Mit natürlichen Ölen behandelte Massivholzfußböden und Möbel belasten die Umwelt nicht und bewahren im Gegensatz zu lackierten Oberflächen ihre positiven Eigenschaften in Bezug auf eine Verbesserung der Raumluftqualität.

Holz kann sehr viel Feuchtigkeit in kurzer Zeit aufnehmen und bei Bedarf schnell wieder abgeben. Es sorgt so für ein ausgeglichenes Raumklima. Mit diesem Prozess werden eventuell vorhandene Schadstoffe der Luft aufgenommen, in den Zellen gespeichert und später nicht mehr abgegeben. So sorgt Holz zusätzlich für ein schadstofffreieres Klima in den Räumen. Diese Eigenschaft geht durch das Auftragen von Lacken zum großen Teil verloren. Hinzu kommt die mögliche Belastung der Raumluft durch synthetische Lacke.

Für hölzerne Wand- und Deckenverkleidungen gilt dasselbe. Da die mechanische Beanspruchung von Wand- und Deckenverkleidungen geringer ist, können die Anstriche mit geringerem Materialeinsatz erfolgen, hier reicht einmaliges lasieren oder ölen.

Im Gegensatz zu Lacken enthalten Wandfarben weniger Schadstoffe, die in die Raumluft emittieren können. Da jedoch mit Wandfarben erheblich mehr Flächen gestrichen werden, liegt der Verbrauch sehr viel höher als bei anderen Anstrichmitteln. Dadurch steigt die Gefahr der Schadstoffbelastung in den Räumen erheblich. Die mit Abstand am häufigsten verwendete Wandfarbe ist die Kunstharz- oder besser Kunststoffdispersionsfarbe. Neben Kunstharzen enthalten diese Farben Wasser, Pigmente, Topfkonservierer, Füllstoffe, Lösemittel (Lösemittel müssen nur deklariert werden, wenn sie die gesetzlichen Höchstmengen überschreiten) sowie Weichmacher, die einen höheren Siedepunkt als Lösemittel haben. Aus diesem Grunde belasten sie die Raumluft mit weniger Schadstoffen pro Zeiteinheit, dafür aber wesentlich länger und in der Summe unter Umständen höher. Die Dampfdiffusionsfähigkeit ist gut, besser

Wandfarben im Vergleich

jedoch schneiden die Naturharzdispersionsfarben ab, sie haben eine Dampfdurchlässigkeit von über 97 Prozent.

Latexfarben werden dort angewendet, wo von einer stärkeren mechanischen Belastung der Wände ausgegangen werden muss. Wände, die abwaschbar sein sollen wie zum Beispiel in Krankenhäusern, werden ebenfalls mit Latexfarben gestrichen. Um diesen Anspruch zu erreichen, haben Latexfarben einen höheren Kunstharzanteil. Dies wiederum setzt die Wasserdampfdurchlässigkeit erheblich herab und führt zusätzlich zu einer höheren Schadstoffbelastung.

Aus der Praxis: Vorsicht Fogging! Eine unserer Kundinnen hatte ihre Wohnung, in der sie schon über zwanzig Jahre lebte, ohne dass dort Mängel aufgetreten waren, von einem Malereibetrieb renovieren lassen. Die Wände wurden mit Latexfarben gestrichen und auf den Fußboden Laminat verlegt. Bereits wenige Wochen nachdem die Renovierung abgeschlossen war, bekamen die Wände vor allem an den Außenecken schwarze Flecken. Unsere Kundin ließ über den Verwalter einen Architekten zur Begutachtung kommen. Dieser diagnostizierte Schimmel und riet zum besseren Lüften. Der Sohn unserer Kundin bezweifelte die Richtigkeit der Aussage des Gutachters, nahm eine Probe des schwarzen Belages und schickte diese an das Bundesumweltamt zur Untersuchung. Hier wurde festgestellt, dass es sich um „Fogging" handelte. Und zwar hatte sich der Weichmacher in der Latexfarbe mit dem Hausstaub vermischt und sich dann an den kälteren Flächen der Wohnung niedergeschlagen. In einem von hunderttausend Fällen wird das Vorhandensein von Weichmachern durch „Fogging" sichtbar wie in diesem Fall. Die Kundin hat die Latexfarbe von dem Maler wieder abkratzen lassen und daraufhin die Wände mit Naturharzdispersionsfarbe streichen lassen. Das „Fogging" ist seither nicht mehr aufgetreten. Die Kosten für die zusätzlichen Arbeiten mussten von unserer Kundin übernommen werden, da der Maler mit zugelassenen Latexfarben gestrichen hatte.

Die richtige Farbe

Im Bereich der Naturfarben werden ebenfalls die Dispersionsfarben am häufigsten zum Streichen verwendet. Wie bei allen Naturfarben gilt auch bei den Wandfarben, dass die Naturfarbenhersteller die Inhaltsstoffe ihrer Produkte offen legen.

Neben den Naturharzdispersionsfarben werden im Naturfarbenbereich noch einige andere Systeme angeboten, auf die ich folgend eingehen möchte.

Innensilikatfarben haben den Vorteil, dass sie wegen ihrer hohen Alkalität für Schimmelbildung nicht anfällig sind. Im Gegensatz zu Silikatfarben für den Außenbereich sind Innensilikatfarben so eingestellt, dass sie sich ähnlich einfach wie Dispersionsfarben verstreichen und wie diese auf allen Untergründen verarbeiten lassen. Sollte sich durch Baumängel auf einer vorhandenen Bausubstanz bereits Schimmel gebildet haben, ist Silikatfarbe in vielen Fällen ein einfach anzuwendendes Mittel, um dauerhaft Abhilfe zu schaffen. In diesem Fall muss die Farbe aber direkt auf einen mineralischen Untergrund gestrichen werden. Silikatfarbe eignet sich besonders gut für die Wandlasurtechnik.

Kalkfarbe hat die gleichen positiven Eigenschaften bei der Schimmelbekämpfung wie Silikatfarbe. Statt Titandioxid ist bei der Kalkfarbe der Kalk das Weißpigment. Das macht die Verarbeitung etwas schwieriger, denn solange die Farbe noch feucht ist, erscheint sie gräulich und erst nach dem Abtrocknen wird erkennbar, ob gleichmäßig gestrichen wurde. Es gibt reine Kalkfarbe, die nicht besonders wischfest ist. Die Naturfarbenhersteller produzieren eine Kalkfarbe, die durch natürliche Zusatzstoffe eine höhere Wischfestigkeit erreicht. Je länger Kalkfarbe Zeit zum Trocknen hat, desto wischfester wird sie.

Kaseinfarbe enthält – wie der Name schon sagt – Kasein als Bindemittel. Das Weißpigment ist Kalk oder Marmormehl. Den ersten Kaseinfarben wurde frischer Quark zugesetzt, was für den Selbermacher durchaus heute noch möglich ist. Die heutigen fertigen Kaseinfarben enthalten Kasein in Pulverform.

Lehmfarben werden ähnlich wie Dispersionen angeboten, um eine gleichbleibende Qualität gewährleisten

Die Inneneinrichtung

zu können. Der tatsächliche Lehmanteil liegt meistens unter 20 Prozent. Ihre physikalischen Eigenschaften entsprechen denen von Naturharzdispersionsfarben, jedoch sind die optische Wirkung und die Verarbeitbarkeit anders. Lehm beeinflusst die Raumluft durch seine Eigenschaften besonders positiv. Bei dem geringen Anteil von Lehm in diesen Anstrichen darf aber nicht erwartet werden, dass Lehmfarben das Raumklima positiver beeinflussen als andere Naturfarben.

Leimfarbe ist nicht überstreichbar und kommt trotz ihrer positiven Eigenschaft daher kaum noch zum Einsatz. Vor jedem neuen Anstrich ist die alte Leimfarbe gründlich abzuwaschen, was mühsam und umständlich ist.

Naturwandfarben werden streichfähig, das heißt fertig verdünnt mit Wasser angeboten oder in Pulverform. Der Vorteil des Pulvers liegt darin, dass keine zusätzlichen Topfkonservierer eingesetzt werden müssen und dass der Transport leichter und einfacher ist. Bei den fertig angerührten Farben hingegen erspart man sich die Zeit der Vorbereitung und kann mit dem Verstreichen der fertig eingestellten Farbe nach dem Aufrühren sofort beginnen.

Früher mussten die Käufer von Naturwandfarben die Farbpigmente extra kaufen und ihre Wunschfarbe nach einer Tabelle selber anrühren. Heutzutage sind fertig gemischte Farben in den Naturbaumärkten erhältlich. In erster Linie werden Wandfarben aus dekorativen Gründen verwendet. Sie können von weiß bis zu jedem anderen Farbton angemischt werden. Die Verwendung von Pigmenten ist ebenfalls eine ökologische Frage, denn es gibt unterschiedliche Pigmente, die aufgrund ihrer Gewinnung und ihres Ursprunges belastend für die Umwelt und den Menschen sein können. Aus diesem Grunde sind im Naturfarbenbereich nicht alle Farbtöne herzustellen. Die Naturfarbenhersteller verwenden Pflanzenfarben, Erdpigmente, Mineralpigmente und Spinellpigmente. Einige Pigmente aus Pflanzenfarben können womöglich relativ schnell ausbleichen.

Neben der Verwendung von angerührten Farben gibt es für die Gestaltung der Wände noch die

Lasurmaltechnik und Lasurspachteltechnik. Beide Techniken lassen sich auf alle weißen, wischfesten Untergründe aufbringen.

Einige Wandfarben werden als Streichputze angeboten. In diesen Streichputzen sind Quarzsande unterschiedlicher Körnung angerührt, die den Wänden eine ähnliche Struktur wie feine Raufasertapeten verleihen, allerdings von der Haptik eher wie geputzte Wände sind.

Streichputze

Nicht zu empfehlen für die Wandgestaltung sind Anstriche mit Lacken. Die Dampfdurchlässigkeit der Wände wird dadurch deutlich herabgesetzt. Materialien wie Tapeten, die zusätzlich durch nicht deklarierte Inhaltsstoffe die Raumluft mit Schadstoffen belasten, sind ebenfalls nicht zu empfehlen. Bei den Glasfasertapeten können noch feine belastende Schwebeteile hinzukommen. Selbst bei Tapeten, die eine natürliche Bezeichnung tragen, wie Grastapeten, sollte Vorsicht geboten sein, denn auch hier werden Zusatzstoffe auf der Oberfläche oder im Trägerpapier verarbeitet.

Eine weitere Art der Wandgestaltung ist das Auftragen von Wollputzen. Auch wenn der Name Wollputz eine Natürlichkeit suggeriert ist zu beachten, dass für die Stoffe nicht immer reine, unbelastete Naturfasern verwendet werden, sondern synthetische Fasern oder mit diversen Spritzmitteln belastete und mit Zusatzstoffen ausgerüstete Naturfasern. So empfiehlt sich der Kauf von den überaus dekorativen Wollputzen nur bei einem Naturbaustoffhändler.

Ein weiteres großes Produktfeld der Naturfarbenhersteller umfasst diverse Kleber für unterschiedliche Anwendungsgebiete. Handelsübliche Tapetenkleister bestanden ursprünglich aus Zellulose oder Stärke. Um eine angeblich einfachere, sicherere Verarbeitung und bessere Klebkraft zu erreichen, wurde bei den herkömmlichen Anbietern aus dem einfachen Produkt eine mit Zusatzstoffen versehene Ware, deren Auswirkungen auf die Umwelt und den Menschen nicht ausbleiben. Die Tapetenkleister der Naturfarbenhersteller sind die bessere Alternative, weil garantiert keine synthetischen Stoffe hinzugefügt werden.

Kleber und Kleister

Die Inneneinrichtung

Das Angebot von Klebern für alle erdenklichen Anwendungsgebiete beim Hausbau ist fast unbegrenzt: Kleber mit statischer Funktion oder für die Verklebung von Fensterbrettern, Möbelteilen und Fußbodenbelägen. So unübersichtlich wie die Menge der Klebstoffe, ist auch deren Zusammensetzung. Aus diesem Grunde ist vor der Verwendung von Klebern auf die genaue Zusammensetzung zu achten. Hier gilt das gleiche wie bei den Farben, achten Sie auf die Volldeklaration. Nur so haben Sie die Chance die Kleber für sich persönlich zu beurteilen.

Ökologisch Bauen bedeutet die Konstruktion so zu wählen, dass die Verbindungen auf handwerkliche Art ausgeführt werden können, es sei denn man kann auf Kleber zurückgreifen, deren Wirkung für Umwelt und Menschen eindeutig geklärt nicht negativ und deren Zusammensetzung bekannt ist. Die Naturfarbenhersteller bieten geeignete Kleber für alle Fußbodenverklebungen außer für Holzparkett an.

Gerade bei Anstricharbeiten wird von dem Laien häufig nach der Reichweite einer gekauften Farbe gefragt. Diese Frage lässt sich nicht einfach beantworten und hängt überwiegend von vier Faktoren ab: dem Untergrund, der Qualität des verwendeten Werkzeuges, der Qualität der Farbe und dem handwerklichen Geschick des Anwenders.

	Preis/qm in Euro	Max. Reichweite pro Liter	Wischfest	Gegen Schimmel	Verarbeitbarkeit	Dampfdurchlässig	Naturfarbe
Kunstharzdispersion	0,10–0,70	6–10 qm	++	–	+++	+	–
Naturharzdispersion	ca. 0,80	6–10 qm	++	–	+++	++	++
Latexfarbe	0,60–1,20	6–9 qm	+++	–	++	–	–
Leimfarbe	0,15–0,70	7–12 qm	–	–	+	++	++
Kalkfarbe	0,50–0,80	5–0 qm	+	++	+	+++	++
Lehmfarbe	ca. 0,50	5–8 qm	++	–	++	++	++
Innen-Silikatfarbe	1,20–1,50	5–8 qm	++	++	+++	++	++

Wandfarben im Vergleich

Der Fußboden

Für die Gestaltung der Räume spielen die Böden eine ebenso wichtige Rolle wie die Wände und Decken. Die Auswahl an unterschiedlichen Belägen ist groß und es fällt schwer, sich für den richtigen zu entscheiden. Auch wenn die Belastung der Raumluft und der Umwelt pro Kilogramm oder Quadratmeter Bodenbelag womöglich sehr gering ist, sollte immer in Betracht gezogen werden, dass es sich in den meisten Fällen um eine große Fläche handelt und damit viel Material verarbeitet wird. Ein weiteres Argument, insbesondere bei der Auswahl des richtigen Bodens ausnehmend kritisch zu sein, ist unsere Verantwortung für die Kinder. Vor allem im Krabbelalter haben sie einen engen Kontakt zum Boden. Selbst wenn keine Ausgasungen zu messen sind, ist mit einem Abrieb der Oberfläche und damit einer größeren Gefährdung durch belastete Stäube für Kleinkinder zu rechnen. Kleine Kinder sind durch Schadstoffe in der Luft weit mehr gefährdet als Erwachsene.

Die Unterkonstruktionen wurde schon im vorangegangenen Kapitel angesprochen (siehe Seite 44). Die meisten Häuser werden standardmäßig mit schwimmendem Estrich gebaut. Auf diesen werden dann unterschiedliche Beläge verlegt wie Steinzeugfliesen, glatte Kunststoffe, Laminat, Holz, Teppich, Kork oder Linoleum. Der ideale Fußbodenbelag sorgt für Trittsicherheit, ist fußwarm, dämmt den Schall, lässt sich einfach pflegen und sauber halten, ist langlebig, in der Herstellung umweltfreundlich und belastet als fertiges Produkt weder die Umwelt noch die Gesundheit der Bewohner.

Einer der am häufigsten verwendeten Beläge ist der **PVC-Boden** (Polyvinylchlorid). Er zeichnet sich durch seine sehr guten Gebrauchseigenschaften in Bezug auf Verschleiß und Pflege aus, ist günstig in der Herstellung und wird aus diesem Grunde häufig beim Erstbezug in Mietwohnungen und schlüsselfertigen Häusern angeboten. Es gibt jedoch kaum jemanden, der dieses in den meisten Fällen optisch recht anspruchslose Material nicht mit edleren Belägen verdeckt. Hier stellt sich die

Glatte Bodenbeläge im Vergleich

Die Inneneinrichtung

praktische Frage, ob es nicht sinnvoller wäre, in Neubauten lediglich den rohen schwimmenden Estrich zu liefern. PVC ist aus baubiologischen Gesichtspunkten ein wenig tolerierbares Material. PVC ist sowohl in der Herstellung und während der Nutzungszeit als auch in der Entsorgung sehr problematisch und sollte nur dort zum Einsatz kommen, wo die speziellen technischen Anforderungen durch unproblematischere Stoffe nicht erreicht werden können. Nicht nur PVC, sondern auch die vielen Zusatzstoffe und die sehr hohe Dampfdichtigkeit sollten Anlass genug sein, im normalen Hochbau darauf zu verzichten. Flammschutzmittel, Weichmacher und Stabilisatoren bilden im Brandfall ein hochgiftiges Gemisch. Sie gasen über die Jahrzehnte in die Raumluft aus und verteilen sich durch Abrieb in der Luft. Eine Anreicherung diverser Stoffe im menschlichen Körper ist nicht ausgeschlossen und die Wirkung über lange Zeit noch nicht ausreichend dokumentiert.

Vinyl ist eine andere Bezeichnung für PVC. Der Vorteil von Vinylbelägen liegt in der optisch hochwertigeren Ausführung, ökologisch bilden Vinylböden keine Alternative zu PVC. Mit den Vinylbelägen ist es gelungen, die unterschiedlichsten Materialien täuschend echt zu imitieren. In einigen Fällen können sie sogar einer höheren Belastung standhalten als das Original.

Nachdem Holzoberflächen wieder in Mode gekommen sind, haben sich die **Laminatböden** in Holzoptik als preiswerte Alternative durchgesetzt. Die Verlegung ist einfach, der Boden trägt wenig auf und da es sich um ein Kunststoffprodukt handelt sind viele der Meinung, Laminat sei strapazierfähiger und leichter zu pflegen als echtes Holz. Diese Anschauung ist nicht uneingeschränkt richtig, denn vor allem Wasserschäden führen sehr schnell zur Zerstörung von Laminatböden. Ein wesentlicher Nachteil gegenüber Holzböden besteht darin, dass einmal beschädigte Oberflächen nicht mehr repariert werden können. Laminatböden haben eine hohe Dampfdichte und enthalten Kunststoffe, die durch ihre Inhaltsstoffe wie Weichmacher und Kleber zur Verschlechterung der Raumluft führen.

Der Fußboden

In vielen alten Häusern, vor allem aus der Gründerzeit Mitte bis Ende des 19. Jahrhunderts und in der nachfolgenden Ära, wurden wertvolle **Holzdielen und Parkettböden** verlegt. In den Zeiten des Wirtschaftsaufschwungs wurden diese Böden meist durch Teppiche, PVC oder Linoleum überklebt. Erst in den 80er Jahren des 20. Jahrhunderts setzte sich, forciert durch die Bio-Bewegung, die Wertschätzung von Holzböden wieder durch.

Holz ist aus vielerlei Sicht eines der für die Umwelt wertvollsten Materialien. Durch kluge Holzwirtschaft ist Holz fast unbegrenzt verfügbar und ohne Belastung der Umwelt wieder in den Naturkreislauf zurückzuführen: Zum Wachsen benötigen Bäume CO_2 und produzieren Sauerstoff. Bei einer eventuellen späteren Entsorgung kann Holz somit CO_2-neutral verbrannt werden, weil bei der Verbrennung nicht mehr CO_2 freigesetzt wird, als der Baum zum Wachsen benötigte. Eingebaut in unsere Wohnungen, sei es als Möbel, Konstruktionsholz, Bodenbelag oder Wandverkleidung, bietet Holz viele Vorteile gegenüber anderen Materialien. Unbehandeltes oder mit Naturprodukten gestrichenes Holz verbessert die Raumluftqualität, sorgt für ein ausgeglichenes Raumklima und belastet die Innenraumluft nicht mit zusätzlichen Schadstoffen.

Massivholzböden aus Eiche (www.woodline.de)

Die massivsten und ursprünglichsten Massivholzböden sind Dielen und **Nagelparkett**. Die Verlegung erfolgt durch Schrauben, Nageln oder in Ausnahmefällen mit Metallbügeln. Man kommt ohne Leim aus und das Holz hat allein durch seine Masse den höchsten Wert für das Raumklima. Allerdings kann nicht hundertprozentig davon ausgegangen werden, dass sich der Boden nach dem Verlegen absolut geräuschfrei verhält, denn Holz „arbeitet". Holz dehnt sich bei Feuchtigkeitsaufnahme aus und schrumpft beim Trocknen, das kann zu Tritt- und Spannungsgeräuschen führen.

Eine Alternative zu diesen Böden bietet **Stab- und Stäbchenparkett**. Stab- und Stäbchenparkett werden als massive Ausführung oder als Leimholz hergestellt. Beide Arten müssen vollflächig mit dem Untergrund verklebt werden. Leider werden hierzu keine Naturleime

Die Inneneinrichtung

angeboten. In älteren Häusern wurde teilweise zum Verkleben von Holzfußböden teerhaltiger Kleber verwendet. Dadurch tritt eine Belastung mit PAK (polycyclische aromatische Kohlenwasserstoffe) auf, einige dieser Stoffe wirken krebserregend oder toxisch auf die Organe. Wer im Neubau auf Stab- und Stäbchenparkett nicht verzichten möchte, sollte handelsübliche Dispersions- oder Pulverkleber einsetzen, die zum Verkleben noch das geringere Übel darstellen.

Beim **Leimholz** werden drei Schichten Holz kreuzweise aufeinander geleimt: die Nutzschicht, die Mittellage und der Gegenzug. Um das Holz eventuell später zur Auffrischung schleifen zu können, sollte die Nutzschicht mindestens 3,2 Millimeter stark sein. Nur die Nutzschicht ist das belastbare, optisch wertvolle Holz, die anderen Schichten sind minderwertiger Qualität, meistens Pappel- oder Fichtenholz. In der Mittellage werden auch MDF-Platten (mitteldichte Faserplatten) eingesetzt. Bei der Verwendung von Leimholz ist darauf zu achten, dass beim Verkleben der einzelnen Schichten formaldehydfreier Leim verwendet wurde.

Weiterhin wird **Fertigparkett in Dielenformat** angeboten und zwar in den Ausführungen als Parkettoptik oder Dielenoptik. Fertigparkett verhält sich nach der Verlegung maßstabiler und geräuschärmer, ist ökologisch hingegen weniger anspruchsvoll als Massivholz.

Im herkömmlichen Handel werden viele Holzböden fertig behandelt angeboten, meistens lackiert aber auch geölt und gewachst. In beiden Fällen werden überwiegend Materialien für die Oberflächen verwendet, die nicht mit dem ökologischen Gedanken vereinbar sind. Aus diesem Grunde ist es besser, unbehandelte Ware zu beziehen. Dadurch wird zwar die Verarbeitungszeit verlängert, aber es bietet sich die Möglichkeit, das Material für die Oberflächenbehandlung selbst zu bestimmen.

Viele Fertigparkettböden können neben der Verleimung auch schwimmend verlegt werden. Dabei werden die Stöße miteinander mit einem im Gebrauch unbedenklichen PVAC-Leim (Polyvinylacetat) verleimt oder mit Metallbügeln geklammert.

Der Fußboden

Unter lose auf schwimmendem Estrich verlegte Holzböden muss ein Trittschallschutz verlegt werden. Hierzu verwendet man als ökologisches Material Jute- oder Wollfilz.

Oftmals besteht der Wunsch der Bauherren eine **Fußbodenheizung mit Holzdielen** zu kombinieren. Die Hersteller bieten Holzböden an, die für Fußbodenheizung geeignet sein sollen. Hierbei handelt es sich um Produkte, die verklebt werden müssen. Da weder die Kleberproduzenten noch die Holzwerke von der dauerhaften Qualität ihrer Waren restlos überzeugt sind, werden die Verarbeitungsvorschriften so formuliert, dass sie kaum eingehalten werden können. Zwar treten in den meisten Fällen keine Schäden auf, doch ist die Gefahr von Mängeln recht groß. Der Verantwortliche ist in jedem Fall der Handwerker und der Leidtragende der Bauherr, denn irgendein Verarbeitungshinweis wurde mit Sicherheit nicht erfüllt. Ich rate vom Holzfußboden über einer Fußbodenheizung ab.

Ähnliche Eigenschaften wie Holzböden haben **Korkböden** auf das Raumklima. Durch ihre Elastizität ist die Verletzungsgefahr der Oberfläche geringer als bei Holzböden und eine Korkoberfläche ist für die Menschen gelenkschonender. Der Hauptexporteur für Korkprodukte ist Portugal. Dort hat der Anbau von Korkeichen, aus deren Rinde viele Produkte hergestellt werden, eine Jahrhunderte alte Tradition. Die Ernte der Rinde ist streng reglementiert und der Baum darf nur alle sieben Jahre geschält werden. Die beste Korkqualität wird für Weinflaschenkorken verwendet. Aus den Resten werden Korkplatten und Korkfurniere hergestellt sowie Dämmkorkplatten gebacken.

Korkrinde und ihr Abbau

Kork ist fußwarm, hat eine gute Schall- und Wärmedämmwirkung und ist überaus verrottungsresistent. Für den Fußboden wird Korkparkett zum Verkleben und als Korkfertigparkett angeboten. Fertig verlegt können massive Korkfußböden zur Auffrischung geschliffen werden. Achtung: Im Handel werden korkfurnierte Korkplatten angeboten, zum einen um eine gewünschte Oberflächenstruktur zu erhalten und zum anderen, um qualitativ

Die Inneneinrichtung

preiswerten aber minderwertigen Kork anbieten zu können. Diese Platten können nicht geschliffen werden!

Korkparkett besteht aus Korkgranulat und einem Bindemittel. Im herkömmlichen Handel werden Korkplatten mit Polyurethan oder mit Phenolharzen als Bindemittel angeboten. Die natürliche Alternative hierzu ist das aus der Cashewnuss gewonnene Kardolharz. Korkparkett muss auf einen geeigneten Untergrund vollflächig verklebt werden und hier bieten die Naturfarbenhersteller geeignete, für Mensch und Umwelt verträgliche, Dispersionskleber an.

Korkfertigparkett besteht wie Holzfertigparkett aus drei verleimten Schichten: der Nutzschicht (Massivkork oder korkfurnierter Kork), der Mittellage (eine MDF-Platte) und der unteren Schicht (Kork). Für ökologische Häuser wird Korkfertigparkett angeboten, bei dem die Korkschichten mit Naturharz gebunden sind und die Mittellage aus einer reinen Holzhartfaserplatte ohne Zusatz von künstlichem Bindemittel besteht.

Holzfußböden und Korkböden werden auch farbig behandelt verkauft. Hierbei handelt es sich fast ausschließlich um synthetische Farben. Daher ist es ratsam, unbehandelte Korkplatten mit selbst bestimmten Naturfarben einzufärben. Für diese Arbeiten bietet die Firma Biofa ein interessantes Farbsystem an.

Biofa Coloröl Farbkarte: Farbige Oberflächen für Holz und Kork (www.biofa.de)

Bei fast allen Korkplatten, die im herkömmlichen Handel mit fertigen Oberflächen angeboten werden, handelt es sich nicht um ein ökologisches Produkt, da hier Bindemittel, Kleber, synthetische Öle und Lacke eingesetzt werden, die nicht nur die Raumluft belasten, sondern viele gute Eigenschaften des Korks verringern.

Linoleum ist noch aus alten Gebäuden, Schulen und Behörden bekannt. Das damalige Linoleum wurde hauptsächlich in den Farben grau, blau, weinrot und grün angeboten. Allgemein verbindet man mit Linoleum einen pflegeintensiven Belag mit einer geringen Eindrückfestigkeit, sodass nach hohen Punktbelastungen wie durch Schränke oder Stühle leicht Dellen zurück bleiben können. Die Hauptbestandteile von Linoleum sind Korkmehl, Holzmehl, Leinöl, Kalksteinpulver und Pigmente, die auf Jute gepresst werden. Linoleum wird heutzutage bei der Herstellung so stark gepresst, dass Eindruckstellen nicht mehr zu befürchten sind.

Linoleumboden

Das reine ökologische Linoleum ist ohne Beschichtung und muss aus diesem Grunde gewachst und später in der Pflege gebohnert werden, so wie man es von früher kennt. Das überwiegend angebotene Linoleum hat eine Oberflächenbeschichtung, den so genannten Bautenschutz, der den Belag während des Transportes und der Verarbeitung vor mechanischen Verletzungen schützt und für den Gebrauch pflegeleichter macht. Bis vor wenigen Jahren wurden hierfür Acrylate verwendet. Die neueren Böden haben Polyurethane als Schutzschicht. Insbesondere die Polyurethane, aber auch die Acrylate, sind keine Materialien, die in einem ökologischen Haus Verwendung finden sollten. Da jedoch die Schichtstärken extrem gering und die Belastung mit Schadstoffen gegenüber anderen Belägen verhältnismäßig klein sind, kann das beschichtete Linoleum dennoch als bessere Alternative zu Kunststoffbelägen angesehen werden.

Achtung: Die Firma DLW bietet dieses Linoleum unter der Bezeichnung „Pur-Linoleum" an. Man sollte nicht dem Irrtum erliegen, „Pur" bedeute „unbehandelt", denn „Pur" steht für „Polyurethanbeschichtung". Zum Verkleben von Linoleum werden die gleichen Naturharzdispersionskleber wie für Kork verwendet.

Neben dem Linoleum, das als Bahnenware direkt auf dem Untergrund verklebt wird, gibt es ebenso wie beim Kork auch Linoleumfertigparkett. Da hier synthetische Kleber und Faserplatten als Trägermaterial verwendet werden, sollten diese Böden nicht in einem ökologischen Haus verarbeitet werden

Viele unserer Kunden hatten sich trotz dieses Wissens für einen Boden aus beschichtetem Linoleum entschieden, die meisten jedoch für den acrylbeschichteten Belag. Diese Beschichtung empfanden sie weniger belastend als PVC-Beläge. Den Vorteil der weniger mühsamen Pflege schätzten die meisten Kunden höher ein, während sie den Nachteil der Kunststoffbeschichtung als nicht so gravierend empfanden. In die Gesamtbilanz des Bodens ist ebenfalls der geringere Verbrauch von Putz- und Pflegemitteln mit einzubeziehen. Beschichtetes Linoleum kann mit üblichen Fußbodenpflegemitteln gereinigt und gepflegt werden.

Ein Problem bei der Verlegung von Linoleum als Bahnenware stellt die Verschweißung der Fugen dar, denn hierzu werden Schmelzdrähte aus PVC verwendet. Da hier eine sehr kleine Menge des Materials eingesetzt wird, kann man als Bewohner eventuell darüber hinwegsehen. Als verantwortungsvoller Bauherr jedoch darf man die Handwerker den Gasen, die bei der Verarbeitung entstehen, nicht aussetzen. Man sollte lieber auf das Schweißen verzichten und den technischen Nachteil in Kauf nehmen. Gerade bei der Erhitzung von PVC entstehen besonders gefährliche Stoffe.

Zu den harten Fußbodenbelägen werden auch die **Steinzeug- und Natursteinfliesen** gerechnet. Natursteine beeinflussen durch ihre Offenporigkeit, die durch Schutzanstriche nicht vermindert werden sollte, das Raumklima positiv und führen zu keiner Schadstoffbelastung. Bei nicht ausreichender Erstbehandlung können nicht glasierte Fliesen leicht fleckig werden. Die am häufigsten verwendeten Naturfliesen sind gebranntes Terrakotta von gelblich bis rot (die Farbe wird durch die Brenntemperatur erreicht), Solnhofener Fliesen, Granit und Marmor.

Glasierte Fliesen sind pflegeleichter und normalerweise ohne Emissionen. Ganz auszuschließen sind radioaktive Belastungen oder Schwermetallbelastungen allerdings nicht, jedoch üblicherweise meist vernachlässigbar und sehr selten. Diese Belastungen lassen sich auf die Art der verwendeten Pigmente oder auf die Lagerstätten des Rohmaterials zurückführen.

Ein wesentlicher Punkt für die ökologische Qualität von Steinzeugfliesen ist die Verklebung. Die beste Art der Verarbeitung ist die Verlegung im Mörtelbett, leider auch die aufwändigste und preisintensivste. Häufiger erfolgt die Verklebung mit Fliesenklebern. Neben den kunststoffverstärkten und -vergüteten Klebern gibt es auch Naturkleber, die hier vorzuziehen sind. Man sollte aber bedenken, dass für bestimmte Ansprüche an die Verklebung (zum Beispiel Fußbodenheizung) nicht jeder Kleber geeignet ist, ebenso wenig wie für die Verklebung auf Trockenverlegeplatten. Es sollte bedacht werden, dass bei der Verlegung auf Trockenverlegeplatten die Gefahr von Rissbildung in den Fliesen größer ist als bei der Verlegung auf Estrich.

Nicht glasierte Steinzeugfliesen und Terrakotta müssen eine Oberflächenbehandlung haben, um sie vor Flecken zu schützen. Für diese Behandlung werden auch Naturprodukte wie Hartöle und Wachse angeboten.

Die letzte große Gruppe der Fußbodenbeläge bilden die **Teppiche**. Diese sind entweder als Auslegeware oder als abgepasste Ware zu haben. Neben Kunststoffen werden Wolle, Seide, Sisal, Kokos und seltener Baumwolle oder Seegras als Material für Teppiche angeboten.

Teppichböden

Obwohl Wollprodukte natürlichen Ursprungs sind, sollte man sich beim Kauf reiner Schurwollteppichböden nicht darauf verlassen, dass diese dem ökologischen Anspruch genügen. Zwar ist geregelt, wann sich ein Produkt „aus reiner Schurwolle" nennen darf. In den Gesetzen werden jedoch Höchstmengen von Zusatzstoffen definiert, die bei Unterschreitung nicht deklariert werden müssen und das Produkt darf sich im Extremfall sogar als frei von diesen Stoffen bezeichnen.

Eine besondere Rolle beim Kauf eines Teppichs übernimmt das GUT-Siegel (vergeben von der Gemeinschaft

Unabhängiger Teppichgesellschaften). Das GUT-Siegel besagt, dass Teppiche nur verkauft werden dürfen, wenn sie die durch dieses Siegel gestellten Anforderungen erfüllen. Eine dieser Anforderungen für Wollteppichböden ist der Schutz vor Insektenfraß (Motten oder Teppichkäfer). Dazu hatte ich vor einigen Jahren ein interessantes Interview im zweiten Radioprogramm des Norddeutschen Rundfunks mit dem Vorsitzenden der GUT, gehört. Er gab als Begründung für die Forderung einer Behandlung von Wollteppichen mit einem Insektizid an, dass die Verbraucher zum Schutze ihrer Gesundheit davon abgehalten werden sollen, die Teppiche unkontrolliert mit Insektiziden zu besprühen. Nicht erwähnt wurde, dass Wollteppiche vor allem bei der Lagerung, die viele Jahre betragen kann, als auch beim Transport Gefahren durch Motten ausgesetzt sind und somit ist die Forderung nach Mottenschutz sicherlich eher für die Hersteller als für die Verbraucher von Vorteil.

Herkömmliche Naturwollteppiche werden überwiegend mit permethrinhaltigen Produkten vor Insektenfraß geschützt. Die Schädlichkeit dieses Insektizids ist umstritten. Zwar wird immer wieder darauf hingewiesen, Permethrin sei nicht flüchtig und deswegen finde keine Belastung der Wohnräume mit Schadstoffen statt. Bei dieser Aussage wird jedoch nicht berücksichtigt, dass sich der Insektenschutz an Stäube bindet und damit in die Luft transportiert wird, die wir in diesen Räumen einatmen. Das Bundesministerium sieht aufgrund von Untersuchungen keine Gefahr für die Bevölkerung (vgl. Bundesinstitut für Risikobewertung, www.bfr.bund.de). Blutuntersuchungen bei Menschen, die mit Permithrin behandelte Teppiche in ihrer Wohnung ausliegen hatten, ergaben keine höheren Schadstoffwerte als bei anderen Personen. Hier wird jedoch nicht berücksichtigt, dass man sich vor Permethrin allgemein nur dann schützen kann, wenn der Stoff in allen Naturfasern, auch bei Kleidung, nicht mehr angewendet wird.

Mottenschutzmittel sind nicht die einzigen Stoffe, mit denen herkömmliche Teppiche behandelt werden oder die in unkontrollierten Naturfasern zu finden sind.

Farben, Farbfixierungen, Antipeelingausrüstung, Kleber, synthetisches Trägergewebe und eine schmutzabweisende Beschichtung, um nur einige zu nennen, können Bestandteile von Naturfasern sein.

Jetzt kommt natürlich die Frage auf, ob synthetische Auslegeware folglich nicht ebenso gut oder gar besser sei. Für synthetische Auslegeware wird zwar kein Mottenschutz benötigt, aber je nach Grundgewebe sind weitere Behandlungsschritte und damit Schadstoffe notwendig, um das fertige Produkt anbieten zu können. Zur Belastung der Raumluft kommen noch die Umweltprobleme bei der Herstellung der Kunststoffe und der Fertigung der Auslegeware hinzu.

In unserer Zeit ist es kaum möglich einen Menschen zu finden, bei dem keine der Chemikalien, die in Produktionsprozessen eingesetzt werden, nachgewiesen werden können. Aufgrund der unübersichtlich hohen Zahl von eingesetzten Chemikalien ist es sehr problematisch absolut schadstofffreie Produkte zu erhalten. Es erweist sich als wahre Sisyphusarbeit nach Chemikalien zu suchen, von deren Anwendung man keine Kenntnisse hat. Deswegen ist es wichtig, dass Produkte nicht aus Stoffen hergestellt werden, deren Wirkung auf Mensch und Umwelt nicht eindeutig geklärt ist. Die Kombinationswirkung von unterschiedlichen Stoffen, mit eventuell nach heutigem Stand nicht messbaren Schadstoffmengen, muss in alle Überlegungen mit einbezogen werden.

Hier setzen die Hersteller von Naturteppichböden an. Ihre Ware ist nicht mit synthetischen Zusatzstoffen ausgerüstet und neben den Naturfasern werden zur Herstellung keine weiteren chemischen Substanzen verwendet. Das Rohmaterial wird vor der Verarbeitung auf alle bekannten Pestizid- oder Insektizidrückstände kontrolliert, um für die Umwelt und die Verbraucher eine größtmögliche Sicherheit zu bieten. Wollteppiche, deren Rohwolle mit natürlichen, umweltverträglichen Mitteln gewaschen wurde, sind sehr schmutzunempfindlich und kommen aus diesem Grunde ohne schmutzabweisende Beschichtungen aus. Teppiche aus Naturfasern laden sich im Gegensatz zu synthetischen Teppichen

Die Inneneinrichtung

*Schurwollteppich
(www.trendwende.de)*

*Kokospalme mit Früchten
(Foto: Michael Kürschner,
www.safari-afrika.de)*

nicht statisch auf. Synthetische Ware, die sich nicht statisch auflädt, ist in den meisten Fällen antistatisch ausgerüstet.

Bei allen natürlichen Teppichfasern besteht die Gefahr, dass während des Anbaus oder der Ernte chemische Spritzmittel verwendet werden. Dieses gilt für alle pflanzlichen Fasern wie zum Beispiel Baumwolle, Kokos und Sisal. Die Weiden von Tieren werden unter Umständen gedüngt und gespritzt und die Tiere erhalten Medikamente, Hormone und ihr Fell wird mit Insektiziden besprüht. Daher ist es auch bei Naturprodukten aus Haaren und Fasern wichtig, auf Waren zurückzugreifen, die von Naturteppichherstellern angeboten werden.

Naturfaserteppiche der Naturteppichhersteller sind für die ökologische Bauweise sowohl im privaten als auch im öffentlichen Bereich besonders gut geeignet, da sie inzwischen technisch sehr strapazierfähig und stuhlrollengeeignet sein können. Alle unbehandelten Wollteppiche sind auf natürliche Art sehr schmutzabweisend. Naturteppichhersteller kontrollieren die von ihnen produzierte Auslegeware weit über das vom Gesetzgeber oder von Gütesiegelinhabern vorgeschriebene Maß hinaus.

Vor allem Sisal und Kokos eignen sich für die ökologische Teppichherstellung: Die Sisalagave stammt ursprünglich aus Mittelamerika und wurde von dort aus über die ganze Welt verbreitet. Für die Teppichherstellung hat sie gegenüber Kokos den Vorteil, dass sie abriebfester, für Stuhlrollen geeignet ist und damit auch in Büros als Auslegeware verwendet werden kann. Die Kokosfaser ist in dieser Hinsicht sehr viel empfindlicher.

Kokosfasern für Teppiche werden aus der äußeren Umhüllung der Kokosnüsse gewonnen. Um die reine Faser zu erhalten, werden die Umhüllungen einem monatelangen Verrottungsprozess im Meerwasser unterworfen. Die gewonnene Faser ist pilz- und fäulnisresistent und wird danach unter anderem zur Kokosteppichherstellung verwendet.

Sisal und Kokosteppiche werden im Handel mit einem Rücken aus Baumwolle oder Jute, unbeschichtet oder beschichtet angeboten. Die unbeschichtete Ware wird

Der Fußboden

überwiegend für Läufer und Teppiche verwendet. Die Rückenbeschichtung besteht zumeist aus synthetischem Latex während die Naturteppichhersteller Naturlatex verwenden. Beide Teppicharten müssen als Auslegeware auf jeden Fall vollflächig verklebt werden. Dazu eignen sich die gleichen Kleber wie bei Wollteppichen, Linoleum und Korkplatten. Zur losen Verlegung eignet sich ausschließlich Sisal- und Kokosauslegeware mit Baumwollrücken, die aber auch vollflächig verklebt werden kann.

Sisalpflanze in Kenia (Foto: Michael Kürschner, www.safari-afrika.de)

Tipp: Der richtige Bodenbelag für Hausstauballergiker
Für Hausstauballergiker werden überwiegend glatte Böden empfohlen, da auf diesen eine Reinigung einfacher und auch sichtbarer ist. Viele Empfehlungen nehmen jedoch keine Rücksicht auf das Material, das für den Boden verwendet wurde. Es wird nicht hinterfragt, warum die Menschen von einer Allergie geplagt werden und ob nicht eventuell die Belastung unserer Atemluft mit chemischen Partikeln eine Ursache sein könnte. Wird dieses Szenario in Betracht gezogen, verbietet sich im Sinne der Gesundheit der Menschen die Verwendung von synthetischen Materialien, da diese zu einer Schadstoffbelastung beitragen können. Man sollte deshalb auf Naturprodukte zurückgreifen.

Ob glatter Boden oder Teppichboden, Hausstauballergiker sollten regelmäßig die Wohnung entstauben. Zwar mag die Tatsache, dass der Staub auf glatten Böden sichtbarer ist, ein Ansporn dafür sein, häufiger zum Staubsauger zu greifen und gründlich zu reinigen. Wird aber ein Teppichboden genau so häufig gereinigt wie ein glatter Boden, geht auch von diesem keine Beeinträchtigung für Hausstauballergiker aus. Die Befürworter von Teppichböden weisen gerne darauf hin, dass Teppichböden den Staub binden und die Verwirbelung von vorhandenem Staub und dem damit transportierten allergieauslösenden Milbenkot geringer ist.

Einige unserer Kunden litten unter starken Hausstauballergien und entschieden sich trotzdem für einen Teppichboden. Sie berichteten mir einhellig,

Sisalteppich (www.trendwende.de)

Die Inneneinrichtung

Staubsauger mit Wasserfilter (www.delphin.net)

Naturwollteppichböden (www.oschwaldkirch.de)

dass sie unter Berücksichtigung von regelmäßigem Staubsaugen die Wahl nicht bereut hatten und damit gut zurechtkommen, selbst im Schlafzimmer.

Wichtiger als die Wahl zwischen glattem Boden oder Teppichboden ist die ökologische Qualität des Bodens und wie bereits oben erwähnt die Bereitschaft zum häufigen Saugen. Es muss die eigene Gesundheit vor den zusätzlichen Verbrauch von Energie gestellt werden. Der Staubsauger sollte den aufgesaugten Feinstaub nicht wieder herausschleudern. Er sollte einen guten Filter haben oder – noch besser – die aufgesaugte Luft durch einen Wasserfilter leiten, bevor sie wieder den Weg in den Raum findet. Hier gibt es einige sehr gute aber leider auch teure Systeme.

Zum Boden gehören auch die Fußleisten. Im allgemeinen Handel werden Kunststoffleisten, furnierte Spanplattenleisten und lackierte Leisten angeboten. Aus ökologischer Sicht sind naturgeölte Massivholzleisten, massive Korkleisten oder gekettelte Naturteppichleisten zu wählen. Es widerspricht dem Naturgedanken, Naturteppichstreifen in PVC-Leisten zu kleben.

Der Trend zum glatten Boden zieht häufig den Wunsch nach sich, einen abgepassten Teppich auf das Parkett, Kork oder Linoleum zu verlegen. Die einfachste und preiswerteste Variante ist, Auslegware in die gewünschte Größe zurechtschneiden zu lassen und zu umketteln oder einzufassen. Beim Umketteln muss man auf einen Kunststofffaden zurückgreifen, da reine Wollfäden oder Baumwollfäden nicht stabil genug sind und relativ schnell durchscheuern würden. Stabile Einfassbänder werden aus Naturfasern, wie Baumwolle und Jute angeboten.

Am häufigsten wurden in unserem Geschäft Wollwebteppiche in unterschiedlichen Qualitäten gekauft. Neben Schafschurwolle werden bei den Naturwebteppichen eventuell Jute, Baumwolle und zur Verstärkung ein Kunststofffaden mit verarbeitet. Um eine ökologische Qualität zu bekommen, sollte darauf geachtet werden, dass die Teppiche nicht mit Mottenschutz oder anderen Chemikalien ausgerüstet sind. Persönlich habe ich festgestellt, dass die Naturwebteppiche auch ohne Ausrüstung sehr unempfindlich gegen Mottenfraß und Verschmutzung sind und sie lassen sich sogar beidseitig nutzen.

Aus der Praxis: Eines Tages kam ein afghanischer Kunde in unser Geschäft und bestellte einen Liter reines Lavendelöl. Auf meine Frage, wofür er soviel Lavendelöl benötige, erzählte er mir, er sei Inhaber eines Orientteppichgeschäftes in der Hamburger Innenstadt und möchte seine Teppiche mit Lavendelöl gegen Motten besprühen. Ich glaubte einem ökologisch denkenden Geschäftspartner gegenüberzustehen. Auf meine Nachfrage erklärte mir der Kunde jedoch, dass er für die Inhaltsstoffe seiner Ware keine Garantie übernehmen könne und er nicht wisse, ob die Teppiche in irgendeiner Art behandelt oder ausgerüstet seien. So zeigte sich, dass selbst bei sehr teuren handgeknüpften Teppichen im normalen Handel eine Belastung mit umweltschädlichen Stoffen offenbar nicht auszuschließen ist, sei es mit Farben, Insektiziden oder Pestiziden.

Insbesondere bei handgeknüpften Teppichen muss immer wieder hinterfragt werden, ob diese nicht durch Kinderarbeit hergestellt wurden. Um hier sicherzugehen, sollte auf die goodweave- und Care & Fair-Siegel geachtet werden.

Bei der Wahl eines ökologischen handgeknüpften Teppichs wird nicht nur über die eingesetzten Farben, die Reinigung der Wolle, die Herkunft und Qualität der Wolle und die Entsorgung der Restfarbbrühe Auskunft gegeben, sondern auch über die sozialen Bedingungen für die Mitarbeiter der Hersteller.

Handgeknüpfte ökologische Teppiche werden in der Optik von schlicht modern bis traditionell stark gemustert in vielen unterschiedlichen Qualitäten angeboten. Wesentliche Merkmale einer Qualität sind die eingesetzten Garne, die verwendeten Farben, die Anzahl und Art der Knoten und die Florlänge. Als Garn wird überwiegend Schafwolle verwendet.

Die Inneneinrichtung

Nicht jede Schafrasse liefert gute Wollqualitäten. Dennoch wird auch für sehr teure Teppiche immer häufiger billige, minderwertige Wolle verwendet. Um den fertigen Teppich dann wertvoll erscheinen zu lassen, wird er vergütet. Doch seien Sie kritisch bei einem Teppich, der mit der Auszeichnung „vergütet" beworben wird. Nur schlechte Ware muss vergütet werden! Hinter dieser Bezeichnung versteckt sich die optische Verkaufsaufwertung durch den Einsatz von Chemikalien. Gute handgeknüpfte Teppiche werden mit der Nutzung schöner und wertvoller, Teppiche von minderer Qualität nutzen ab.

Weitere Materialien für das Grundgewebe und den Flor von handgeknüpften Teppichen sind Seide, Baumwolle und möglicherweise werden auch Kunststoffgarne (Kunstseide und Acrylfasern) eingeknüpft. Die gleichen Stoffe werden ebenfalls für maschinengeknüpfte Teppiche verwendet. Nur ein Fachmann kann zweifelsfrei handgeknüpfte Ware von maschinengeknüpften Teppichen unterscheiden.

Gerade in den Ländern, in denen Teppiche geknüpft werden, ist eine umweltschonende Entsorgung der Restfarbbrühe meist nicht gewährleistet. Aus diesem Grund wird die Wolle von ökologisch hergestellten Teppichen mit Verfahren eingefärbt, bei denen das Restwasser nicht die Gewässer oder Klärwerke belastet. Eine Belastung der Gewässer oder der Klärwerke bedeutet, dass ein Teil der Produktionskosten (Reinigen des Abwassers) auf die Allgemeinheit abgewälzt und nicht von den meist gutsituierten Kunden der teuren Teppiche bezahlt wird.

*Handgeknüpfter ökologischer Teppich
(www.liamonte-teppiche.de)*

Die Möblierung

Im Möbelhandel finden wir Möbel aus allen möglichen Materialien: Kunststoff, der sich als solcher zu erkennen gibt oder der wertvolle Materialien kopiert, Spanplatten mit echtem Holzfurnier oder mit Kunststoffbeschichtung, Möbel aus MDF-Platten (mitteldichte Faserplatten), aus Glas, Stein, Metall und aus massivem Holz. Es fällt nicht leicht, sich hier zurechtzufinden. Die Hersteller dagegen wissen schon lange, wie sich ihre Ware gut verkaufen lässt. Sie bezeichnen Ihre Ware als nachhaltig produziert oder bewerben sie mit einem Siegel, das die Ware als ungiftig, ökologisch oder „Bio" ausweist. Wie in anderen Bereichen geht es auch hier darum, wie Hersteller und Handel unser System des Verbrauchens und des ökonomischen Profits aufrechterhalten können.

Achtung: Verkaufstricks
In den Verkaufsprospekten der Möbelhersteller sind viele Möbel in Holzoptik zu finden, deren Oberflächen mit Kunststoffen ausgeführt sind. Bei diesen Möbeln wird gerne auf Teile verwiesen, die in Massivholz ausgeführt wurden. So steht dort zu lesen „mit massiven Holzfronten" oder mit „massivem Korpus" oder ähnlich. Hier handelt es sich nicht um ein ökologisches Möbel!
  Beim Kauf eines Massivholzmöbels ist daher immer Vorsicht geboten. So erzählte mir ein Kunde, er habe sich in einem großen Möbelhaus im Norden Hamburgs ein Massivholzbett gekauft und musste nach fast einem Jahr feststellen, dass das Bett aus furnierten Spanplatten bestand. In Begleitung eines Anwalts suchte er abermals das Möbelhaus auf und ließ sich von demselben Verkäufer noch einmal für dieses Bett beraten. Der Verkäufer pries das Bett wieder als Massivholzbett an. Unser Kunde konnte nun mit Hilfe des Anwalts eine falsche Beratung belegen und erhielt nach Rückgabe des Betts den Kaufpreis anstandslos zurückerstattet. Sicherlich lag es nicht im Interesse der Geschäftsleitung, dass die Möbel aufgrund falscher Aussagen verkauft wurden, aber das Verkaufssystem mit Provisionszahlungen für die Verkäufer verleitet manchen zu unlauteren Mitteln. Abgesehen von solch betrügerischen Machenschaften kann beim Kauf von Massivholzmöbeln nicht automatisch davon ausgegangen werden, dass die Möbel unbelastet sind.

Metallmöbel oder mit großen Metallteilen versehene Möbeln benötigen in der Produktion einen erheblich höheren Energieeinsatz als andere Möbel. Damit führen

Die Inneneinrichtung

sie zu einer zusätzlichen Umweltbelastung und scheiden als ökologische Möbel aus.

Kunststoffe belasten ebenfalls die Umwelt in der Herstellung und im Gebrauch. Selbst wenn mit den heute möglichen Messmethoden keine chemischen Belastungen festgestellt werden können, ist davon auszugehen, dass diese Produkte einen negativen Einfluss auf unsere Umwelt haben. Die meisten Kunststoffe basieren auf Erdölbasis und die Förderung, Produktion und der Transport verbrauchen mehr Energie als Naturwaren. Doch gerade durch die vom Gesetzgeber geforderte energiesparende Bauweise wird die Konzentration von Schadstoffen aus nicht natürlichen Materialien in den Räumen steigen. Aus diesem Grund ist es noch wichtiger, dass dort wo es machbar ist, eine Besinnung auf natürliche Produkte stattfindet.

Chemische Belastung von Möbeln durch Formaldehyd

Bei der Möbelherstellung spielt vor allem Formaldehyd als Belastung eine wesentliche Rolle. Formaldehyd wird in Holzersatzstoffen, Leimen und Lacken verwendet und kann von dort über Jahre und Jahrzehnte ausdünsten. Formaldehyd kann eine Vielzahl von Auswirkungen auf den menschlichen Körper haben: Es ist allergieauslösend, schleimhautreizend und steht im Verdacht krebserregend zu sein. Der Gesetzgeber hat aufgrund dieses Wissens Höchstmengen von 0,1 ppm Formaldehyd in der Raumluft und in Spanplatten festgelegt (www.umweltanalytik.com, Schadstofflexikon/Fomaldehyd 2012). Die zugelassenen Höchstmengen in anderen Materialien sind unterschiedlich. Nach heutigen Kenntnissen kann aber davon ausgegangen werden, dass die gesetzlichen Höchstmengen für eine Dauerbelastung, wie sie in Wohnräumen vorkommt, bei Weitem zu hoch sind. Ein wesentlich geringerer Höchstwert würde gesunden Menschen eine größere Sicherheit geben. Für Allergiker ist jede Formaldehydmenge zu hoch.

Die Hersteller halten die geforderten Werte auf unterschiedliche Weise allgemein ein. Zum einen werden Leime und Lacke mit einem entsprechend geringen Formaldehydwert verwendet und belastete Platten werden mit absperrenden Anstrichen versehen oder mit

Beschichtungen aus Kunststoff beklebt. Diese Methoden sind jedoch trügerisch, denn eine kleine Veränderung an dem Möbelstück wie das Bohren eines Loches oder das Kürzen kann schon dafür sorgen, dass die vorgeschriebenen Werte nicht mehr eingehalten werden. Darüber hinaus werden durch entsprechende Beschichtungen eventuell andere Schadstoffe an die Raumluft abgegeben.

Im herkömmlichen Handel werden die Möbel bevorzugt lackiert verkauft – das gilt auch für Massivholzmöbel. Aus produktionstechnischen und ökonomischen Gründen werden schnell trocknende Lacke verwendet, die als Naturlacke nicht verfügbar sind. Diese synthetischen Lacke führen nicht nur zu einer zusätzlichen Belastung der Raumluft, sondern setzen die positiven Eigenschaften des Holzes in Bezug auf Verbesserung des Raumklimas herab. Mit Kunstharzfarben lackierte Vollholzmöbel genügen daher nicht den ökologischen Ansprüchen, da der Lack durch seine Eigenschaften das Holz daran hindert, die Innenraumluft zu verbessern. Bei der Verwendung von synthetischen Lacken wird die Luftqualität im Allgemeinen sogar zusätzlich verschlechtert. Alle natürlichen Materialien verhalten sich für die Innenraumluft relativ neutral, wenn es sich nicht um mit Kunstharzlacken versehene Teile handelt.

Aus der Praxis: Einer unserer ausländischen Lieferanten, der sowohl den ökologischen als auch den herkömmlichen Handel bedient, belieferte uns versehentlich mit einem Schiebetürenschrank, der mit schnell trocknendem Nitrolack gestrichen war. Glücklicherweise rochen wir den Lack beim Vormontieren des Schrankes im Geschäft und konnten einen Austausch gegen einen ökologischen Schrank noch vor der Auslieferung veranlassen. Da es sich in beiden Fällen um einen Massivholzschrank handelte und für einen Laien kein optischer Unterschied zu einem geölt/gewachsten Schrank erkennbar war, hätte der lackierte Schrank gut ausgelüftet verkauft werden können, ohne dass der Kunde etwas bemerkt hätte.

> Wie zeitaufwendiger und damit teurer die Behandlung von Möbeln mit Naturöl ist, zeigt ein anderes Beispiel. Wir bekamen einen naturgeölten Schrank geliefert, dessen Aufbauanleitung spiegelverkehrt auf eine Seitenfläche übertragen worden war. Die Versender hatten den Schrank schon fertig verpackt als das Öl noch nicht ausreichend getrocknet war. Während des Transportes löste das Öl die Schrift auf der Anleitung an und übertrug sie auf das Holz.

Der technische Vorteil von lackierten Möbeln für Hersteller, Händler und Spediteure liegt darin, dass das Holz unempfindlicher auf Stöße reagiert und sich so sicherer transportieren lässt. Durch einfacheren und schneller trocknenden Anstrich sind lackierte Möbel kostengünstiger zu fertigen.

Ein weiteres Problem bei Massivholzmöbeln kann der Leim darstellen. Zwar ist es üblich, bei der Herstellung unproblematische PVAC-Leime zu verwenden, doch können auch hier schädliche Zusatzstoffe zugesetzt worden sein, um zum Beispiel eine bessere Klebkraft zu erreichen. Der Vollständigkeit halber möchte ich noch erwähnen, dass die Herstellung von PVAC-Leimen für die Umwelt bei weitem nicht so unproblematisch ist wie das fertige Produkt.

Durchaus sind in herkömmlichen Einrichtungshäusern auch geölte und gewachste Möbel zu finden. Es kann jedoch nicht davon ausgegangen werden, dass natürliche Produkte zur Oberflächenbehandlung verwendet wurden. Vielfach handelt es sich um synthetische Öle von technisch geringer Qualität. Des Öfteren kam ich mit Kunden ins Gespräch, die mit diesen Oberflächen schlechte Erfahrungen gemacht hatten.

> **Tipp:** Festkörpergehalt von Lacken und Wachsen beachten
> Die technische Qualität von Lacken und Wachsen hängt zum großen Teil von deren Festkörpergehalt ab. Je höher der Festkörpergehalt, desto größer und langlebiger die Schutzwirkung und desto teurer das Produkt.

Die Möblierung

Da für Fußböden und Möbel oftmals die gleichen Öle Verwendung finden, möchte ich ein kleines Erlebnis einfügen. Eine Kundin ließ sich von uns einen Korkboden verlegen. Aus Kostengründen wollte sie den Oberflächenschutz selber auftragen. Es handelte sich um ungefähr 100 Quadratmeter Fußboden und wir gaben ihr die von uns errechnete Menge Öl. Nach einigen Monaten erhielten wir den Auftrag, einen Raum zu schleifen und neu zu bearbeiten, weil das Öl schon abgenutzt war. Auf unsere Frage erzählte die Kundin, dass ihr das Öl seinerzeit ausgegangen war und sie – weil sie die Arbeiten fertig stellen wollte und wir am Samstagnachmittag geschlossen hatten – die fehlende Menge in einem anderen Geschäft kaufte. Es handelte sich ebenso um ein Naturöl und damit strich sie den letzten Raum. Das Öl sei wesentlich preisgünstiger gewesen. Auf meine Frage, um welches Öl es sich handelte, konnte ich ihr erklären, dass dieser Hersteller auch ein höherwertiges Öl im Angebot hat. Das höherwertige Öl wäre von gleicher technischer Qualität wie das von uns bezogene, da es einen ähnlich hohen Festkörpergehalt hat, und preislich läge es in etwa gleich.

Massive Holzmöbel haben nicht nur eine ökologische Qualität, sondern auch eine fertigungstechnische, welche sich ebenfalls im Preis bemerkbar macht. Gerade Tischbeine sind wesentlich einfacher zu produzieren als geschwungene und deswegen kostengünstiger. Die Stärke des Holzes hat Einfluss auf den Preis und auch die Größe der verleimten Stäbe in den Holzmöbelplatten: je kleiner die Stäbe, desto günstiger wird das Möbelstück. Mit Schwalbenschwanz verleimte Stäbe ergeben eine haltbarere Platte, sind aufwendiger in der Herstellung und aus diesem Grunde teurer.

Preisfaktoren von Massivholzmöbeln

Einen ganz wesentlichen Einfluss auf den Preis der Einrichtungsgegenstände haben die verwendeten Verbindungen und bei Schränken die eingebauten Scharniere. Im ökologischen Idealfall handelt es sich hierbei um Holzscharniere, doch das ist eine Variante, die kaum angeboten wird. Die übliche Art der Scharniere sind

Metallscharniere. Für den Laien zeigt sich die verwendete Qualität erst nach ein paar Jahren, wenn die Schranktüren hängen, nicht mehr gut schließen oder nicht mehr zu richten sind und Schubladen zu klemmen beginnen. Eine nachträgliche Reparatur bei Massivholzmöbeln ist möglich, aber teurer als von Beginn an auf eine gute Qualität zu achten.

Neben den Massivholzmöbeln aus stabverleimten Platten werden massive mehrschichtige Sperrholzplatten und dreischichtige Tischlerplatten im Möbelbau verwendet. Der technische Vorteil dieser Platten liegt durch die Querverleimung der einzelnen Schichten darin, dass sie formstabiler sind, sich weniger verziehen und mit Pressen vorgeformt werden können. Sie haben keinen höheren Leimanteil als stabverleimte Platten. Die Möbel aus diesen Materialien können im ökologischen Haus Verwendung finden, wenn sichergestellt ist, dass sie mit Leimen hergestellt wurden, die keine Belastung der Umwelt und der Menschen verursachen und natürlich formaldehydfrei sind. Für einige Massivholzmöbel, insbesondere für größere Platten und Schranktüren, wird diese Art der Platten gerne verwendet, ohne die Qualität und die Optik der Möbel zu beeinträchtigen.

Polstermöbel

Polstermöbel oder mit Stoff bezogene Möbel stellen einen weiteren Bereich des Wohnens dar. Für die Polsterung werden Federkerne, Schaumstoffe, Latex, eine Kombination aus diesen Stoffen und in einigen wenigen Polstereien Naturlatex verwendet. Zusätzlich werden Vliese aus Kunststoffen oder Naturstoffen wie Rosshaar, Kokos, Baumwolle, Sisal und Schafwolle sowie Abdeckstoffe aus Baumwolle, Kunstfaser und Jute verarbeitet, je nach Preis und Qualität des Polstermöbels.

Sowohl die synthetischen als auch die natürlichen Materialien können mit diversen zusätzlichen Stoffen belastet sein wie Flammschutzmittel, Insektenschutzmittel, Beschichtungen für die Vliese, die dadurch reißfester, abriebfester und schmutzabweisend werden, Reste von Fungiziden, Pestiziden und Insektiziden aus dem Anbau und der Ernte ebenso wie für die Transport- und die Lagersicherung.

Bei der Verarbeitung dieser Materialien zu Polstermöbeln werden die einzelnen Schichten üblicherweise mit einem synthetischen Kleber aufeinander geklebt. Zum Schluss kommt der Bezugsstoff darüber. Für den Bezugsstoff gilt dasselbe wie vorab erwähnte, jedoch können darüber hinaus belastete Farben in den Stoffen enthalten sein sowie Farbfixierungen und schmutzabweisende Beschichtungen. Ökologisch ist an so einem Möbel meist nur das Gerüst, obwohl auch hier häufig Spanplatten mit verarbeitet werden. Wer sein Haus nach ökologischen Kriterien gebaut hat, sollte auf derartige Möbel besser verzichten! In einigen Polsterwerkstätten wird dagegen traditionell handwerklich gepolstert unter Verwendung von ökologischen Materialien.

Schaumstoffe sollten in einem ökologischen Möbel ebenso wenig enthalten sein wie synthetische Stoffe und Kleber. Die verwendeten Materialien müssen Schadstoff geprüft sein und dürfen keine Zusatzstoffe enthalten. Statt Schaumstoff wird Naturlatex verwendet und die sichtbaren Holzteile sind mit Naturölen behandelt. Ob und wie weit man Federkerne toleriert, muss jeder für sich selber klären.

Gesundes Schlafen

Der wohl wichtigste Aufenthaltsraum einer Wohnung oder eines Hauses ist das Schlafzimmer. Wir verbringen ungefähr ein Drittel unseres Lebens schlafend und deshalb sollte bei der Planung, Gestaltung, Einrichtung und Ausführung dieses Raumes besonders sorgfältig vorgegangen werden.

Ein gesunder Schlafplatz ist frei von elektrischen und elektromagnetischen Feldern, schadstofffrei, metallfrei, orthopädisch optimal und gut belüftet.

Aus der Praxis: Vor der Planung des Hauses können Wünschelrutengänger eventuell helfen, den geeigneten störungsfreien Schlafplatz zu finden. Mit den Angaben, die man erhält, kann das Raumkonzept

Die Inneneinrichtung

erstellt werden. Nicht alle Menschen glauben an die Hilfe durch Wünschelrutengänger. Aus meinen Gesprächen mit unseren Kunden erfuhr ich, dass vielen durch Wünschelrutengänger geholfen wurde. Mir wurde berichtet, dass Veränderungen am Schlafplatz, sei es durch Umstellen des Bettes oder mit Hilfe von entsprechenden absperrenden Unterlagen, gesundheitliche Probleme minderten und Schlafstörungen verschwanden. Als Unterlagen werden oftmals Kork- oder Vollgummiplatten empfohlen. Man sollte jedoch skeptisch sein, wenn diese Platten direkt vom Wünschelrutengänger verkauft werden, denn womöglich können diese Produkte anderweitig günstiger bezogen werden.

Elektromagnetische Felder vermeiden

Ein Schlafplatz sollte auf jeden Fall frei von elektromagnetischen und elektrischen Feldern sein. Das bedeutet einen sparsamen Umgang mit Elektroanschlüssen, eine Verwendung von abgeschirmten Kabeln und, zumindest für den Stromkreis im Schlafraum, einen Netzfreischalter (siehe Seite 92). In das Schlafzimmer gehören keine elektrischen Geräte wie Fernseher, Computer, Elektrowecker, Musikanlagen oder Radiogeräte.

Besonders beim Bettgestell sollte auf Metall verzichtet werden. Unsere Umwelt ist durch eine Vielzahl von technischen Wellen durchdrungen und Metall wirkt hier wie eine Antenne. Auch Federkernmatratzen sind aus diesem Grunde nicht zu empfehlen. Um dies zu dokumentieren, hatte ein Kollege von mir immer eine Federkernmatratze dabei, an deren Federkerne er das Antennenkabel eines Farbfernsehers anschloss und so mehrere Programme empfangen konnte. Um störungsfrei schlafen zu können, ist einem Metallbett aus ökologischer Sicht ein Holzbett vorzuziehen. Bei der Wahl eines Massivholzbettes ist es von Vorteil, ein Bett mit Holzverbindungen statt mit Metallverbindungen zu wählen. Man sollte jedoch den Nachteil einer guten Metallverbindung in punkto störungsfreiem Schlaf nicht überbewerten.

Der Schlafraum sollte außerdem groß genug sein, damit auch bei geschlossenem Fenster in den Morgenstunden noch eine ausreichende Sauerstoffversorgung gewährleistet ist. Ebenso muss eine ausreichende Unterlüftung des Bettes gegeben sein und aus ergonomischer Sicht sollte die Liegefläche in etwa Stuhlhöhe betragen. Für Hausstauballergiker ist es wichtig, dass sich die Liegefläche mindestens dreißig Zentimeter über dem Boden befindet, denn die Staubbelastung ist direkt über dem Fußboden am höchsten.

Ausreichende Sauerstoffversorgung und Unterlüftung gewährleisten

Die Unterbringung von nicht benötigten Bettsachen in einem Bettkasten unter dem Bett ist nicht zu empfehlen, weil dadurch eine Belüftung des Raumes unter dem Bett nicht mehr ausreichend gewährleistet ist. Wer auf eine Schublade unter dem Bett nicht verzichten möchte, sollte auf jeden Fall für eine Abdeckung der Schublade sorgen, denn gerade unter dem Bett ist die Staubbelastung besonders groß.

Besonders im Schlafzimmer ist auf schadstoffhaltige Materialien wie Anstriche, Oberflächenbehandlungen von Möbeln, synthetischen Bodenbelägen und Einrichtungsgegenständen zu verzichten.

Auch bei der Wahl des Bettgestells, Lattenrosts und der Matratze gilt es einiges zu berücksichtigen: Das Angebot an Lattenrosten ist unübersichtlich groß. Am häufigsten werden Lattenroste mit Federleisten und einem Metallrahmen mit Kopf- und Fußhochstellung angeboten. Die Metallrahmen sind mit synthetischen Lacken gestrichen und die Federleisten haben oftmals eine Melaminbeschichtung oder sind ebenfalls lackiert. Eine Federleiste besteht aus mehreren aufeinander geleimten Furnieren. Die Federleisten sind in synthetischen Latexkappen gelagert. Die Kopf- und Fußverstellungen von Lattenrosten erfolgen mit einer Metallkonstruktion.

Den richtigen Lattenrost finden

Die ökologisch bessere Wahl ist daher ein Lattenrost mit unbehandeltem Massivholzrahmen und einer Mechanik aus Holz und Federleisten, die nicht lackiert oder beschichtet sind. Für die Lagerung, die Federleisten und den Kleber trifft dasselbe zu wie für herkömmliche Lattenroste. Ökologisch noch vorteilhafter sind Lattenroste mit auf Naturlatex oder latexiertem Kokos gelagerten Massivholzleisten, die mit Baumwolle gehalten werden.

Die Inneneinrichtung

*Massivholzlattenrost
(www.baumberger.eu)*

Die richtige Matratze finden

*Kern einer Latex-Kokos-Latex-Matratze
(www.lonsberg.de)*

Um ein Luftpolster zwischen Lattenrost und Matratze zu erlangen, ist es bei einigen Systemen ratsam, einen Matratzenschoner auf den Lattenrost zu legen. Hier werden die etwas dickeren Sisalschoner oder die preiswerteren Juteschoner angeboten.

Elektrisch zu verstellende Lattenroste sind ausschließlich Menschen zu empfehlen, die unter Bewegungseinschränkungen leiden und aus medizinischer Sicht darauf angewiesen sind.

Wie bei dem Lattenrost sollte auch die Auswahl einer guten Matratze nach ökologischen Kriterien geschehen – jedoch nicht ausschließlich: Der orthopädische Aspekt muss ebenfalls mit in die Entscheidung einbezogen werden. Denn die beste Naturmatratze nützt nichts, wenn Sie wegen Rückenschmerzen darauf nicht schlafen können. Die Auswahl an Naturmatratzen ist inzwischen jedoch sehr umfangreich und die Sorge unbegründet, in diesem Segment womöglich keine geeignete Unterlage zu finden.

Im herkömmlichen Handel werden unter anderem Federkernmatratzen, Schaumstoffmatratzen, Wasserbetten und Syntheselatexmatratzen aus 100 Prozent Synthesekautschuk angeboten sowie Matratzen aus einer Mischung aus Synthesekautschuk und Naturkautschuk. Achtung: Diese Matratzen dürfen bereits als Naturkautschukmatratzen deklariert werden, wenn sie mindestens dreißig Prozent Naturkautschuk enthalten!

Da es bei einer orthopädisch richtigen Matratze auf ihre Punktelastizität ankommt, werden in orthopädisch guten **Federkernmatratzen** möglichst kleine, in Jute genähte Taschenfederkerne verwendet. Je nach Qualität kommen Auflagen aus Schaumstoff und Vliese aus Kunststoffen, Wolle oder Rosshaar zum Einsatz. Die einzelnen Schichten werden mit einem Sprühkleber miteinander verbunden. Als Bezug wird ein strapazierfähiges Baumwoll-Mischgewebe verwendet, das ebenfalls mit Sprühkleber fixiert wird.

Für **Schaumstoffmatratzen** werden unterschiedliche Kunststoffe verwendet, die entweder mit synthetischen Vliesen oder Vliesen aus Baumwolle, Schafwolle und

Gesundes Schlafen

Rosshaar abgepolstert werden und dann einen ähnlichen Bezug wie die Federkernmatratzen erhalten. Auch hier wird mit Sprühkleber gearbeitet. Je nach Hersteller und verwendetem Material erfolgt die Ausrüstung der Matratzen auf unterschiedliche Weise. Flammschutzmittel, Antischimmelausrüstung, Mottenschutzmittel, Farbfixierungen und schmutzabweisende Beschichtungen können zum Einsatz kommen.

Eine ähnliche Herstellungsart wird für **synthetische Latexmatratzen** angewendet. Synthetischer Latex ist ein Styrolbutadien und wird aus Erdöl hergestellt. Zurzeit sind dem synthetischen Latex keine negativen Auswirkungen auf das Raumklima und für den Menschen nachzuweisen. Aufgrund seiner sehr viel energieaufwendigeren Herstellung gegenüber Naturlatex ist synthetischer Latex aus ökologischer Sicht jedoch zu vermeiden.

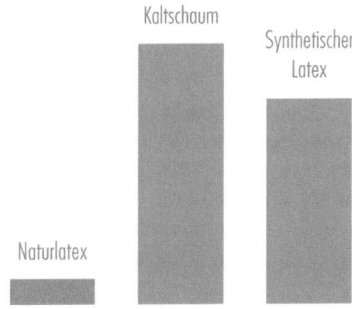

Benötigte Energie zur Produktion von Naturlatex im Vergleich zu synthetischem Latex (www.dormiente.com)

Für beinahe jede Matratze gibt es Anwendungsbereiche, die mit anderen Matratzen nicht abgedeckt werden können. Das gilt auch für Wasserbetten. Wasserbetten eigenen sich in einzelnen Fällen besonders gut für therapeutische Zwecke, zum Beispiel um das Wundliegen

Die Inneneinrichtung

bei bettlägerigen Menschen zu vermeiden. Die ökologischen Nachteile der Wasserbetten liegen zum einen darin, dass durch das Erwärmen des Wassers elektrische Energie benötigt wird, die wiederum für elektrische und elektromagnetische Felder sorgt. Zum anderen wird die Hülle aus Kunststoffen (überwiegend PVC) mit den erforderlichen Weichmachern hergestellt. Während für gewöhnliche Matratzen keine laufenden Kosten anfallen, betragen die Stromkosten für das Erwärmen des Wassers nach heutigem Stand jährlich über 100 Euro. Auch wenn das Wasser nach dem Auffüllen der Matratze normalerweise nicht gewechselt werden muss, so ist eine regelmäßige Behandlung zur Vorbeugung von Algenbildung und Bakterienbefall notwendig.

Die ökologischen Alternativen zu den herkömmlichen Matratzen sind **Naturmatratzen** als Vollpolstermatratzen aus Rosshaar oder Kapok, Futons aus Baumwolle oder der Schichtung von unterschiedlichen Naturmaterialien, Strohkernmatratzen, Torfmatratzen, Hirsematratzen, Dinkelspelzmatratzen und Naturlatexmatratzen. Torfmatratzen sollte man jedoch aus Naturschutzgründen ablehnen. Matratzen der Naturbettenhersteller werden sehr viel umfangreicher als üblich auf Schadstoffe geprüft und es kommen keine zusätzlichen Chemikalien in die verwendeten Materialien.

Am häufigsten werden im biologischen Handel **Naturlatexmatratzen** verkauft. Man sollte diese Naturlatexmatratzen jedoch nicht mit denen im herkömmlichen Handel vergleichen, denn eine Matratze darf auch als Naturlatexmatratze verkauft werden, wenn sie aus einer Mischung aus Naturlatex und Syntheselatex besteht. Die Naturlatexmatratzen im biologischen Handel haben einen Naturlatexanteil von 100 Prozent! Diese Prozentzahl gibt das Verhältnis von Natur- zu Syntheselatex an.

In Latex sind, wie in jedem Kautschukprodukt, Schwefelverbindungen enthalten. Der Grund dafür liegt in der Natur eines Latexproduktes selbst: Es bezieht seine Elastizität wesentlich aus einer Vernetzung seiner Moleküle mit Schwefel. Dieser Vorgang ist als

Gesundes Schlafen

> Vulkanisation bekannt und ist gleichermaßen bei Natur- als auch bei Syntheselatex Bestandteil des Herstellungsverfahrens.
> (Quelle: www.qul-ev.de, 2012)

Jede Latexmatratze enthält zwei bis drei Prozent Zusatzstoffe, die gegenüber Matratzen aus anderen Materialien jedoch als vernachlässigbar anzusehen sind, zumal es sich bei dem größten Anteil dieser Zusatzstoffe um völlig unbedenkliche Füllstoffe handelt.

Nicht zu empfehlen sind Naturlatexmatratzen für Menschen, die auf dieses Material allergisch reagieren. Das kann zum Beispiel auf Pflegepersonal und Ärzte zutreffen, die beruflich häufig mit Latex in Kontakt kommen. Eine Latexallergie ist eine Kontaktallergie. Doch selbst wenn kein direkter Kontakt mit dem Latexkern besteht, sollten Latexallergiker auf Latexmatratzen vorsichtshalber verzichten.

Bei der Herstellung von Latexmatratzen kann es zur Bildung von Nitrosaminen kommen, wie sie auch in Lebensmitteln vorkommen können und dort als kanzerogen eingestuft werden. Die Naturmatratzenhersteller lassen ihre Matratzen entsprechend kontrollieren. Die Wahrscheinlichkeit, dass eine zu hoch belastete Matratze in den Handel kommt, ist daher sehr gering. Die Schadstoffprüfung der Naturmatratzen erfolgt durch unabhängige Ökoprüfinstitute. Die zu erfüllenden Anforderungen liegen weit über dem, was der Gesetzgeber fordert.

Beim Kauf einer Matratze sollten Sie auf das „QUL"-Zeichen (vergeben vom Qualitätsverband umweltverträgliche Latexmatratzen e. V.) achten, um eine größtmögliche Sicherheit in Bezug auf Schadstofffreiheit zu bekommen.

Neben der ökologischen Qualität ist bei der Wahl einer Naturmatratze für den Käufer beste orthopädische Qualität ausschlaggebend. Insbesondere Naturlatexmatratzen erfüllen diese Anforderung wegen ihrer ausgezeichneten Punktelastizität sehr gut. Latexkerne werden in unterschiedlichen Härtegraden hergestellt, die durch das Verhältnis von Luft zu Latex erreicht werden:

Die Inneneinrichtung

Kautschukernte (www.lonsberg.de)

Die richtigen Betttextilien finden

Je mehr Luft dieser Latexkern enthält, desto weicher und leichter ist die Matratze. Die Latexkerne erhalten unterschiedliche Auflagen aus Rosshaar, Baumwolle oder Schafschurwolle. Die Verarbeitung erfolgt in der Regel ohne Einsatz von Klebstoffen. Bei übergroßen Matratzen oder der Schichtung von unterschiedlich festem Latex und latexiertem Kokos lässt sich eine Verklebung manchmal nicht vermeiden. In diesem Fall wird ein Kautschuk-Heißkleber verwendet. Die übliche Verbindung der Materialien erfolgt durch Absteppen oder Heften.

Als Bezüge werden bei ökologischen Matratzen unbehandeltes Baumwolltrikot, -drell und -velours verwendet. Soweit verfügbar kann man einzelne Komponenten aus kontrolliert biologischem Anbau erhalten.

Ebenso wichtig wie die geeignete Unterlage zum gesunden Schlafen ist die geeignete Zudecke.

In Deutschland ist das Federbett mit seinen unterschiedlichen Qualitäten, von preiswerteren Zudecken mit hohem Federanteil bis hin zu teuren Daunenzudecken, noch am weitesten verbreitet. Während früher die Federn in ein großes Inlett geschüttet wurden, ist man heute dazu übergegangen die Federbetten abzusteppen, um eine gleichmäßigere Verteilung der Füllung zu erreichen.

Federn oder Daunen sind ein Naturprodukt und belasten aus diesem Grunde das Schlafzimmer nicht. Der Nachteil der Federbetten liegt darin, dass der Bettraum nicht ausreichend belüftet wird und es häufig zu Stauwärme und dadurch zur Überhitzung des Körpers kommt. Ein unruhiger Schlaf ist die Folge. Ein weiterer Nachteil entsteht durch die Eigenschaft der Federn, sich im Laufe der Jahre zu zerreiben. Das Bett verklumpt und bietet infolgedessen einen guten Nährboden für Milben. Für Hausstauballergiker sind Federbetten daher nicht besonders gut geeignet.

Deswegen und natürlich auch aus Kostengründen werden immer häufiger Zudecken angeboten, die mit leicht waschbaren Kunststofffasern befüllt sind. Leider empfehlen auch viele Mediziner ihren unter Allergien leidenden Patienten solche Decken. Allergische Reaktionen zählen in den Industrieländern inzwischen zu den

Volkskrankheiten. Nicht nur, dass sehr viele Menschen unter Allergien leiden, auch in finanzieller Hinsicht belastet diese Krankheit unser Krankensystem immens. Leider ist die nähere Ursache der Allergien noch nicht erforscht. Viele Theorien kursieren, warum es so viele Allergien gibt. Eine dieser Ansichten basiert auf der Vermutung, dass unser Körper durch die vielen neuen chemischen Substanzen, die in teilweise nicht nachweisbaren Mengen in unsere Umwelt gelangt sind, geschwächt wird und dadurch auf die natürlichen Stoffe falsch, also mit Abwehr reagiert. Unter Berücksichtigung dieser Darstellung wäre es die falsche Lösung, den Körper aufgrund einer Allergie zusätzlichen künstlichen Produkten auszusetzen, selbst wenn vordergründig eine Entlastung von allergischen Reaktionen stattfindet. Bei diesen Gedanken sollten jene Menschen mit einbezogen werden, die soweit geschädigt sind, dass sie selbst in einer natürlichen Umgebung nicht mehr lebensfähig sind.

Neben der Schadstoffbelastung des Schlafenden geht mit der Produktion synthetischer Bettdecken auch eine höhere Belastung der Umwelt einher. Das Schlafklima unter solchen Betten ist nicht ideal und das häufigere Waschen, unter Umständen mit nicht ökologischem Waschmittel, belastet die Umwelt und den Menschen zusätzlich.

Vor allem in angelsächsischen Ländern werden „Woll"-Decken in Laken eingeschlagen, um als Zudecke zu dienen. Zu den überwiegend verwendeten synthetischen Decken gibt es als Alternative auf Schadstoffe geprüfte Decken aus Naturtierhaaren.

In herkömmlichen Bettengeschäften werden auch gesteppte Zudecken mit Füllungen aus Tierhaaren und Pflanzenfasern angeboten. Hier sollte Vorsicht geboten sein, denn die Füllungen werden meistens nicht ausreichend auf Rückstände geprüft. Die Vliese werden vielfach bei der Produktion mit bis zu zehn Prozent Kunststoffen besprüht, um ihre Reißfestigkeit für die Herstellung zu erhöhen, und es wird nicht ausreichend geprüfte Baumwolle oder sogar nur ein Baumwollmischgewebe verarbeitet.

Die Inneneinrichtung

Die Bezüge der Naturbettdecken im biologischen Handel sind in der Regel aus Biobaumwolle und alle verwendeten Materialien werden umfassend schadstoffgeprüft. Die Rohmaterialien für die Deckenfüllungen werden als Ballen zu den Herstellern geliefert und dort zu Vliesen vernadelt, um dann per Hand zum Zuschneidetisch zu gelangen. Ganz anders in der herkömmlichen Fertigung: Hier erfolgt der Transport maschinell und darum müssen die Vliese durch Kunststoffzusätze reißfester hergestellt werden.

Als Füllmaterial für Naturbettdecken werden Wildseide, Baumwolle, Pappelflaum, Schafwolle, Kamelflaumhaar, Yakhaar und Kaschmir verwendet. Alle Materialien werden geprüft und sind aus diesem Grunde ökologisch gleichwertig, weisen jedoch ein unterschiedliches Wärmevermögen auf. Pflanzenfasern und Tierhaare zeichnen sich dadurch aus, dass durch sie keine Stauwärme entsteht und das Schlafverhalten daher ruhiger und entspannter verläuft. Der Unterschied zwischen den verschiedenen Haaren und Fasern liegt in ihren wärmenden Eigenschaften: Während Seide für ein kühleres Bettklima sorgt, wärmt Kaschmir am besten.

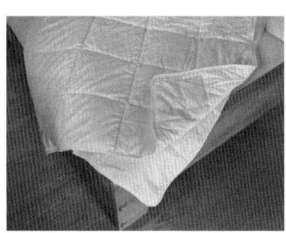

Natursteppbett

Tipp: Betttextilien für Allergiker
Speziell für Hausstauballergiker werden von einigen Herstellern Zudecken mit Kapokfüllung oder mit einem Gemisch aus Baumwolle und Kapok oder Schurwolle und Kapok angeboten (z. B. Kapok-Kontor). Die Kapokfaser wächst am Kapokbaum in den Tropen wild und zeichnet sich durch einen hohen Anteil an Bitterstoffen aus, die das Material für Milben und Bakterien uninteressant macht. Deshalb haben wir vielen unserer Kunden Bettdecken, Kopfkissen und Matratzen aus Kapok empfohlen und erhielten durchweg positive Rückmeldungen. Unsere persönlichen Erfahrungen sprechen hier gegen Meinungen, die darauf hinweisen, dass es keine gesicherten wissenschaftlichen Belege für diese Wirkungen der Kapokfaser gibt.

Ebenso wie die Kapokfaser und deren Gemische sind waschbare Baumwollbetten für Allergiker geeignet, sie wärmen jedoch etwas weniger als Zudecken mit Kapokfüllung.

Eine weitere Möglichkeit, Allergikern den Schlaf zu erleichtern, stellt das Besprühen der Bettwäsche mit Neemöl dar. Das Neemöl wird aus dem Neembaum gewonnen und wirkt gegen die Milben. Die jahrhundertelange Anwendung von Neemöl in Indien und die damit verbundene Erfahrung, auch als Insektizid, gewährleistet die Unbedenklichkeit des Öls für den Menschen. Der Kostenfaktor ist jedoch relativ hoch, weil das Besprühen der Bettwäsche nach jedem Waschen neu erfolgen muss.

Kapokbaum
(www.kapok.de)

Die ökologische Qualität von Kopfkissen wird ähnlich bemessen wie die von Zudecken. Ein wesentlicher Faktor bei der Entscheidung für ein spezielles Kopfkissen sind dessen orthopädische Eigenschaften und natürlich die Nutzbarkeit für Allergiker. Im herkömmlichen Handel werden hauptsächlich Federkissen, Schaumstoffkissen, Syntheselatexkissen und Kissen mit Kunstfaserfüllung verkauft.

Unter dem Aspekt, dass wir durch unsere Atmung eine besondere Nähe zu den Kissen haben, sollten wir hier besonders auf eine Schadstofffreiheit aller verwendeten Materialien achten. Sicherlich ist die Eignung für Allergiker ein weiterer Gesichtspunkt. Ein Allergiker muss nicht auf waschbare Kunststoffkissen zurückgreifen, sondern kann bei schadstoffgeprüften Naturkopfkissen eine geeignete Kopf- und Nackenstütze für sich finden.

Die am häufigsten verkauften Füllungen für Kopfkissen im Naturwarenhandel sind Schurwolle, Baumwolle, Rosshaar, Kapok, Naturlatex, Dinkel und Hirse. Sowohl Dinkel, Hirse und Kapok eignen sich für Allergiker besonders gut: Kapok aus den vorstehenden Gründen und bei Dinkel und Hirse handelt es sich um relativ kühle Kopfkissen, die deshalb von Milben gemieden werden.

Bei den Herstellern ökologischer Kopfkissen werden weitestgehend Rohstoffe aus kontrolliert biologischem Anbau verarbeitet. Ein ökologisch denkender Mensch ist sich aber auch seiner sozialen Verantwortung bewusst. Der Preis für herkömmliche Baumwolle wird hauptsächlich durch

Hirseschalen und Dinkelspelzen
(www.speltex.de)

Die Inneneinrichtung

Subventionierung der Baumwollfarmen in den Vereinigten Staaten so niedrig gehalten, sodass der Anbau für viele Kleinbauern in anderen Teilen der Welt nicht kostendeckend ist und die Kleinbauern verarmen. Um die Kosten der herkömmlichen Baumwollproduktion zusätzlich zu reduzieren, werden Produktionsgänge wie das Waschen, Spinnen, Färben und Nähen in unterschiedlichen Regionen der Erde in Auftrag gegeben. Die damit verbundenen Transporte benötigen Energie – eine Energie, die immer noch günstiger ist als die Produktionskosten in einigen Ländern. Die Umwelt aber wird unnötigerweise zusätzlich belastet.

Baumwollfasern gehören zu den intensivsten Anbaukulturen der Welt. Im konventionellen Anbau kommen daher große Mengen an Kunstdünger zum Einsatz. Auch wird die Ernte meist mehrere Male mit Bioziden gespritzt. Teilweise kommen dabei Mittel zum Einsatz, die in Deutschland und Europa inzwischen verboten sind. Eine ausreichende Kontrolle in den Produktionsländern ist wegen nicht ausreichendem Bildungsstand der Bevölkerung, schlechter Infrastruktur und Korruption meistens nicht gewährleistet. Selbst wenn im fertigen Produkt keines der Mittel mehr nachweisbar ist, werden die Menschen und die Umwelt in den Anbaugebieten stark belastet und geschädigt. Es ist somit für die Umwelt und die Menschen in den Herstellungsländern eine Farce, wenn das fertige, konventionell hergestellte Baumwollprodukt als gut bewertet wird, da hier keine Schadstoffe mehr nachweisbar sind.

Außerdem können den Stoffen neben der eventuell vorhandenen Grundbelastung durch den Anbau auch diverse Chemikalien zugesetzt sein, um den fertigen Stoff schmutzabweisend und bügelfrei zu machen sowie optisch aufzuhellen und aufzuwerten. Das Garn wird behandelt, damit es maschinell besser verarbeitet werden kann und die Farben, zum größten Teil chemisch, werden mit Zusatzstoffen fixiert.

Beim Anbau von Bio-Baumwolle dagegen wird komplett auf chemisch-synthetische Dünger und Pflanzenschutzmittel verzichtet. Im Bioanbau entfallen daher negative Einflüsse auf Umwelt und Gesundheit, die aus der herkömmlichen Baumwollproduktion bekannt sind.

Bio-Baumwolle bedeutet:
- keinerlei Einsatz von Pestiziden, Insektiziden und Kunstdünger
- keine Rückstände in den daraus hergestellten Textilien
- kein Auslaugen der Böden durch Monokulturen. Durch Fruchtfolge mit anderen Saaten wie Bohnen, Sesam, Chili wird die Fruchtbarkeit des Bodens langfristig gesichert und verbessert.
- Schutz des wertvollen Grundwassers
- keine genmanipulierten Sorten
- langfristiger Erhalt der Fruchtbarkeit des Bodens
- Wenn Fruchtfolge und natürlicher Dünger gut eingesetzt werden, sind die Ernten nach einigen Jahren eher höher als bei konventionellem Anbau.
- einen respektvollen Umgang mit der Natur und den darin involvierten Menschen, vom Baumwollanbau bis zu den Endkonsumenten.

(www.cotonea.de, 2012)

Künstliche Beleuchtung

Ein besonderes Augenmerk sollte auf die Beleuchtung im Haus, vor allem in der Winterzeit, gelegt werden. Denn das Schlafbedürfnis in unserem Körper wird durch Hormone gesteuert. Eine wichtige Rolle spielt dabei das Melatonin, dessen Bildung durch natürliches Licht gehemmt wird. Im Winter scheint die Sonne seltener und je nördlicher die Wohnlage, desto länger hält im Winter die dunkle Tageszeit an. Auch halten wir uns besonders häufig in Innenräumen mit künstlicher Beleuchtung auf. Diese weist meist einen hohen Rotanteil auf, der wiederum die Melatoninausschüttung erhöht und bewirkt, dass wir müde werden. Da ist es hilfreich, das richtige Licht in seinem Haus zu haben.

Im besonderen Maße wirkt sich der Lichtmangel im Winter auf unseren Vitamin-D-Haushalt aus. Durch das Sonnenlicht, welches im Sommer auf unsere Haut scheint und das wir auch über die Augen aufnehmen, wird in unserem Körper Vitamin D gebildet. Vitamin-D-Mangel

Die Inneneinrichtung

Tageslicht- und Vollspektrumlampen

schwächt die körpereigenen Abwehrkräfte und erhöht das Risiko einer Erkältung. Auch kann Lichtmangel zu Depressionen (Winterdepression) führen und den Calciumhaushalt im Körper stören. Dies wiederum kann zur Verringerung der Knochendichte führen.

Bio-Licht- oder Tageslichtlampen sind dem Spektrum des Sonnenlichtes sehr ähnlich (siehe Abbildung S. 146 und S. 147) und helfen dem Körper auch im Winter Vitamin D zu bilden.

Eine wesentliche Rolle für die Wirkung des Lichtes spielt neben dem Spektrum die Helligkeit (Luxzahl). So werden in den nördlichen Landesteilen Skandinaviens mit Tageslichtlampen beleuchtete Räume als Hilfe gegen Winterdepressionen angeboten.

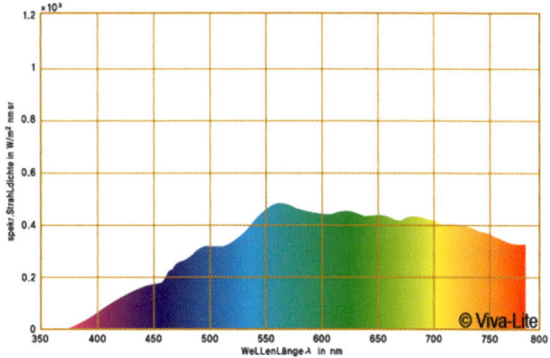

Lichtspektrum Sonnenlicht
(www.viva-lite.com)

Durch das spezielle Licht der Biolampen ermüdet man nicht so schnell und kann in den Abendstunden länger konzentriert arbeiten und lesen. Die Sehfähigkeit wird bis zu einem halben Dioptrien verbessert. Sehr hilfreich kann das Biolicht auch für Zimmerpflanzen und bei der Haltung von Haustieren sein, vor allem wenn diese ausschließlich in Wohnungen leben.

Tageslichtlampen sind Leuchtstofflampen und werden als Röhren oder Energiesparlampen mit E14 und E27 Gewinde angeboten. Das „Bio" in der Bezeichnung bezieht sich ausschließlich auf die Qualität des Licht-

Künstliche Beleuchtung

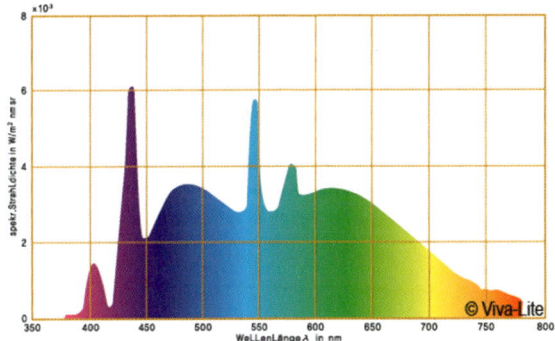

Lichtspektrum Vollspektrumlampe
(www.viva-lite.com)

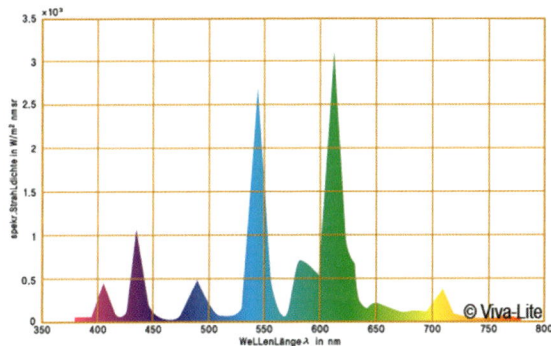

Lichtspektrum gewöhnlicher Glühlampen
(www.viva-lite.com)

spektrums. In anderen Punkten sind Tageslichtlampen mit herkömmlichen Energiesparlampen gleichzusetzen. Um ein Flackern zu verhindern, ist Elektronik notwendig. Energiesparlampen enthalten bis zu drei Milligramm Quecksilber und müssen als Sondermüll entsorgt werden.

Durch das schrittweise Einführen eines Verbots zum Verkauf von Glühfadenlampen ist eine Diskussion entfacht, ob die Energiesparlampen tatsächlich die Umwelt höher entlasten als Glühfadenlampen. Energiesparlampen sind in der Herstellung generell energieaufwendiger als Glühfadenlampen. Ihr Energieverbrauch während der Nutzung hingegen beträgt lediglich ein Fünftel gegenüber dem der Glühlampen. Infolgedessen muss

Vollspektrumlampe
(www.natur-nah.de)

Energiesparlampen

weniger Primärenergie für die Beleuchtung erzeugt werden, wodurch die Umwelt entlastet wird. Energiesparlampen haben eine bis zu 15 Mal längere Brenndauer als Glühfadenlampen.

Gegen die Energiesparlampe spricht der höhere Energiebedarf während der Produktion und der Entsorgung. Ein weiterer Nachteil der Energiesparlampen besteht darin, dass die Lampen nicht sofort ihre Helligkeit erreichen und aus diesem Grunde oftmals von den Nutzern für längere Zeit nicht ausgeschaltet werden und somit ein Teil des Energiesparpotenzials gegenüber Glühlampen verloren geht. Die Materialien von Glühfadenlampen können leichter recycelt werden, was bei Energiesparlampen zurzeit noch nicht im vollen Umfang möglich ist. Der Nachteil der Glühfadenlampe liegt darin, dass nur fünf Prozent der Energie in Licht umgewandelt wird und der Rest in Wärme. Der Winter, wenn die Beleuchtung am häufigsten eingeschaltet wird, ist jedoch auch die Zeit des Heizens. Solange die Glühfadenlampen in Räumen verwendet werden, könnte dieser Nachteil also zum Vorteil resultieren: Lässt man diese Energie in die Wärmebedarfsberechnung mit einfließen, kann dadurch an direkter Heizenergie gespart werden. Dieses Thema ist gerade in Zeiten der Niedrigenergiehäuser spannend.

Solange keine ausreichenden vergleichenden Untersuchungen über die Ökobilanz dieser Leuchtmittel erstellt wurden, ist es sicherlich sinnvoller, Energiesparlampen einzusetzen und diese trotz der geringeren Energieverbrauchskosten nicht verschwenderisch zu nutzen, da in der Gesamtbilanz eine Energieersparnis zu vermuten ist. Den Versuch einer Ökobilanz dieser beiden Leuchtmittel durch das Freiburger Ökoinstitut halte ich noch für zu ungenau und nicht aussagekräftig genug. Zum Beispiel wurde eine Beurteilung der chemischen Belastung der Raumluft durch die eingesetzten Materialien während des Gebrauchs dieser Lampen nicht mit einbezogen. Durch den Einsatz von elektronischen Bauteilen, Kunststoffen, Metallen und Leitungen im Lampensockel kann eine Energiesparlampe, insbesondere weil eine

Erwärmung erfolgt, die Raumluft mit Spuren dieser Chemikalien belasten. Aus diesem Grunde ist der Gebrauch in geschlossenen Räumen nicht ganz unproblematisch.

Eine weitere Variante der Beleuchtung sind Halogenlampen, die aus den Glühfadenlampen entwickelt wurden und bei etwa 30 Prozent der Energieeinsparung während der Brenndauer eine dreifache Haltbarkeit aufweisen. Zusätzliche Vorteile liegen in der problemlosen Entsorgung und in dem geringen Materialverbrauch bei der Herstellung. Im Gegensatz zu Energiesparlampen sind handelsübliche Halogenlampen problemlos zu dimmen. Der Anteil schädlicher UV-Strahlen kann durch die Abdeckung mit Glas vermieden werden.

Eine Alternative für die künstliche Beleuchtung von Innenräumen bieten die LED (lichtemittierende Dioden). Hier schreitet die technische Entwicklung rasant voran. Der Stromverbrauch kann sich durch den Gebrauch von LED gegenüber Energiesparlampen noch einmal mehr als halbieren. Für die Straßenbeleuchtung und bei Kraftfahrzeugen werden immer häufiger LED eingesetzt. Im häuslichen Bereich schrecken aber noch die meisten Menschen vor den hohen Preisen zurück und bedenken nicht, dass mit einer schnellen Amortisation zu rechnen ist. Viele glauben, LED würden kein warmes Licht abgeben, wie man es von den Glühfadenlampen gewohnt ist. Inzwischen trifft das jedoch nicht mehr zu.

LED-Lampen

Ein Umdenken beim Kauf von Beleuchtung wird erforderlich. Während wir die Helligkeit von Glühfadenlampen bisher nur nach der Wattzahl beurteilten, werden bei den LED Lux angegeben. Eine weitere technische Angabe ist die Farbtemperatur K (Kelvin). Die Farbtemperatur einer Wachskerze liegt bei 1500 K, die einer 60 Watt Glühfadenlampe bei 2700 K und die der Sonne tagsüber um 5500 K. Je höher die Farbtemperatur, desto kälter erscheint uns das Licht. Eine LED-Lampe mit 600–700 Lux und 2700 K entspricht etwa einer 60 Watt Glühfadenlampe, sowohl in der Helligkeit als auch in der Farbtemperatur. Die Lux-Werte entsprechen bei gleicher Helligkeit etwa dem zehnfachen Wert der Wattzahl. Wenn wir diese Angaben berücksichtigen, können wir die für uns richtigen LED wählen.

LED-Strahler, geeignet zum Lesen (2–3 Watt, 3000 K)

Die Inneneinrichtung

LED mit E 27 Sockel
600 Lux, 2700 K

Die jetzt im Handel erhältlichen LED haben die gewohnten Formen und Sockel und eine gute Lichtstreuung. Im Gegensatz zu Energiesparlampen werden auch LED produziert, die sich dimmen lassen.

Natürlich gehört zur Beleuchtung unserer Häuser und unserer Umwelt auch das Thema der Lichtverschmutzung. Durch den inflationären Gebrauch von Licht ist es in vielen Gebieten unserer Erde unmöglich, den Sternenhimmel in seiner gesamten Schönheit zu betrachten. Dieses Manko stellt jedoch nicht nur ein optisches Problem dar. Gravierender ist die nächtliche Auswirkung unserer allgegenwärtigen Beleuchtung auf die Lebewesen unserer Erde. Vögel und Insekten werden durch das Licht orientierungslos. Vom Licht angezogen verbrauchen sie Energie, die ihnen bei ihren anderen Lebensbestimmungen wie der Nahrungssuche, Erhaltung der Art und dem winterlichen Zug in den Süden fehlt. Das Verhalten der Tiere verändert sich durch die helleren Nächte. Die Auswirkungen auf unser Ökosystem sind nicht absehbar.

Selbst auf den Menschen haben hellere Nächte Auswirkungen. So kann sich der Hormonhaushalt ändern mit eventuellen Folgen für die geistige und körperliche Konstitution. Eine israelische Studie (Schleswig-Holsteiner Zeitungsverlag, 07.05.2011) hat eine bis zu 50 Prozent höhere Brustkrebsrate bei Frauen mit Wohnort in hell erleuchteten Städten ausgemacht gegenüber Frauen, die in dunkleren Landesteilen leben. Hier wäre jedoch zu untersuchen, ob es sich tatsächlich um eine direkte Auswirkung des Lichtes handelt oder ob das Licht nur ein Hinweis darauf ist, dass in unseren urbanen Zentren ein höherer Stromverbrauch besteht mit einer größeren Netzdichte und der wesentlich höheren Belastung durch elektrische und elektromagnetische Wellen als Folge.

Textilien

Neben Bettwäsche (siehe Seite 142) und Polsterbezügen gehören zur textilen Ausstattung einer Wohnung

Tischwäsche und Dekorationsstoffe wie Vorhänge, Hussen oder Überwürfe für Betten sowie Handtücher für Bad und Küche.

Gerade Stoffe, ob aus Schafwolle, Baumwolle oder Leinen, sollte man nicht vorschnell kaufen. Denn in den Stoffen kann eine Vielzahl von Verunreinigungen aus dem Anbau der Pflanzen, der Zucht der Tiere, dem Verarbeiten der Haare oder Fasern, dem Einfärben und der Konservierung für den Transport vorhanden sein. Wolle wird gegen Verfilzung und Knötchenbildung mit Chemikalien behandelt, Textilien werden ebenfalls durch eine chemische Ausrüstung bügelfrei oder schmutzabweisend.

Die Produktion von Baumwolle erfolgt in Ländern, in denen zum Teil Düngemittel, Pflanzenschutzmittel und Insektenschutzmittel zum Einsatz kommen, die bei uns verboten sind. Die fertigen Produkte werden bei der Einfuhr nur insofern geprüft, dass in ihnen nach unseren Gesetzen keine unerlaubten Chemikalien mehr nachweisbar sind. Die Menschen in den Ursprungsländern sind diesen Giften aber meist ungeschützt ausgeliefert und werden krank. Die Erntearbeiten werden oftmals von Frauen und Kindern ausgeführt, die sozial nicht ausreichend versorgt sind und deren Bezahlung schlecht ist.

Der Anbau von Baumwolle benötigt viel Wasser und die Böden werden schnell ausgelaugt. Für den Anbau von Getreide oder Feldfrüchten sind sie nicht mehr geeignet (www.medizinfo.de, Vom Baumwollanbau zum Stoff 2012). Die Austrocknung des Aralsees ist mit darauf zurückzuführen, dass durch den Anbau von Baumwolle zu viel Wasser von den Zuflüssen für die Baumwollplantagen verbraucht wird.

Synthetische Stoffe bilden dazu keine Alternative. Neben dem Manko einer womöglich elektrischen Aufladung der synthetischen Stoffe, die unter Umständen mit einer zusätzlichen Beschichtung verhindert wird, ist die Kunstfaser in der Produktion und der Entsorgung für unsere Umwelt belastender als ein natürliches, unbehandeltes und mit einem Ökozertifikat versehenes Naturprodukt.

Die Inneneinrichtung

Ernte von Bio-Baumwolle in Kirgisien (www.cotonea.de)

100% Brennnesselstoff (www.naturstoff.de)

Auch gilt es die Transportwege der Stoffe zu beachten, die von der Ernte bis zum Ladentisch zurückgelegt werden. Meistens sind es die billigeren Stoffe, deren Produktions- und Weiterverarbeitungsstandorte in diversen unterschiedlichen Regionen unserer Erde liegen und die damit eine Belastung für die Umwelt durch zusätzlichen Transport darstellen.

Bei der Wahl von Stoffen, deren Rohmaterialien aus ökologischem Anbau stammen, kann man sicher sein, dass

- das Grundwasser nicht belastet wird
- der Anbau die Böden nicht unnötig auslaugt
- die Arbeiter bei der Ernte keinen gesundheitlichen Risiken durch Chemikalien ausgesetzt sind
- die Arbeiter sowohl dort als auch in der Produktion gerecht entlohnt werden.
- keine Schadstoffrückstände in den Textilien vorhanden sind
- die Textilien auch als fertiges Produkt ökologische Kriterien erfüllen

Um die Natur zu entlasten, werden außerdem Versuche durchgeführt, alternative Fasern für Stoffe zu nutzen. Seit einigen Jahren werden Bettbezüge und Deko-Stoffe aus einem Baumwoll-Brennnesselgemisch hergestellt, schon länger sind Stoffe aus Hanf auf dem Markt und seit Jahrhunderten wird Flachs zu Leinenstoffen verarbeitet.

Tipps zum ökologischen Wohnen und Arbeiten

Baubiologie am Arbeitsplatz

Die wirtschaftliche Tragfähigkeit eines Neubaus ist nicht nur nach seinen Erstellungskosten zu beurteilen, sondern auch nach seinem ökonomischen Gesamtwert. Dazu zählt auch, wie wohl sich die darin wohnenden oder arbeitenden Menschen fühlen. Eine Firma profitiert von Mitarbeitern, die sich wohl fühlen, weil deren Leistungsfähigkeit steigt und die Anzahl der Krankheitstage sinkt. Der Staat profitiert, weil die Menschen gesünder sind und dadurch das Gesundheitssystem entlastet wird.

Baubiologie am Arbeitsplatz bedeutet, eine Umgebung zu schaffen, die gute klimatische Bedingungen erfüllt und frei von Schadstoffen ist. Es sollten keine elektrischen oder elektromagnetischen Störfelder auf die Mitarbeiter einwirken. Die akustischen Bedingungen sollten optimal sein und die Ausleuchtung der Arbeitsplätze weitestgehend mit natürlichem Licht erfolgen. Wo dies nicht möglich ist, sollte das Kunstlicht dem natürlichen Lichtspektrum so nah wie möglich und flimmerfrei sein.

Leider werden die Anforderungen an einen Arbeitsplatz meist immer noch auf die technischen Notwendigkeiten reduziert. Nicht der Mensch steht bei der Planung im Vordergrund, sondern die Anforderungen an den

Arbeitsablauf. Der Mensch ist nur ein Teil im Getriebe dieser Anforderungen.

Zum Schutz der Mitarbeiter wurden die MAK-Listen (maximale Arbeitsplatzkonzentration) für mehrere hundert Chemikalien aufgestellt. In diesen Listen werden Höchstwerte festgelegt. Die Berechnung dieser Werte erfolgt für einen Arbeitstag von acht Stunden. Da diese Höchstgrenzen nicht individuell aufgestellt werden können, geben sie für die Menschen keine absolute Sicherheit, denn ob die zugelassene Konzentration eines Schadstoffes tatsächlich Folgen für den einzelnen Menschen hat, hängt von dessen persönlicher Konstitution ab. Der wesentliche Vorteil der MAK-Listen liegt in der juristischen Handhabe.

An vorderster Stelle stehen bei der Planung von Arbeitsstätten noch immer die Erstellungskosten. Einerseits wird die Fläche pro Mitarbeiter so klein wie möglich gehalten, andererseits muss der Hierarchie durch entsprechend größere Flächen für leitende Angestellte Genüge getan werden.

Die Ausleuchtung eines Arbeitsplatzes wird ausschließlich in Lux gemessen und die im Kapitel „Künstliche Beleuchtung" genannten Kriterien in Bezug auf das Lichtspektrum finden keine Beachtung.

Die Vernetzung der einzelnen Arbeitsbereiche erfolgt weitestgehend nach einer wirtschaftlichen Betrachtungsweise: möglichst kurze Wege zwischen den von einander abhängigen Arbeitsgebieten. Kurzfristig führt diese Denkweise zu geringeren Kosten. Auf längere Sicht hingegen wird jener Arbeitsplatz für den Unternehmer der günstigere sein, der den Menschen in den Vordergrund stellt. Ein verantwortungsvoller Arbeitgeber richtet den Arbeitsplatz für seine Mitarbeiter so ein, dass neben den möglichen Belastungen durch die Arbeitsaufgabe keine weiteren Belastungen durch das Umfeld für die physische und psychische Gesundheit auftreten. Langfristig zahlen sich die höheren Investitionen für jeden Betrieb aus, denn es ist mit weniger Ausfalltagen wegen Krankheit zu rechnen, die Arbeitsleistung der Mitarbeiter steigt und die Fluktuation wird geringer werden.

Ein baubiologisch gestalteter Arbeitsplatz entspricht in erster Linie dem baubiologisch gestalteten Wohnraum, allerdings mit der Einplanung der technischen Erfordernisse, um einen effektiven Arbeitsablauf und ein optimales Arbeiten verwirklichen zu können. Alle weiteren Empfehlungen für den Wohnungsbau gelten ebenso für den Industrie- und Gewerbebau.

Wohnen mit Kindern

Vor allem Krabbelkinder sind der Staubbelastung im Haus besonders ausgesetzt, weil mit den Stäuben der Abrieb von den Materialien der Wohnungseinrichtung transportiert und dann eingeatmet wird. Um diese Belastungen nicht zu erhöhen, sollte vor allem bei der Auswahl von Spielzeug sehr sorgfältig vorgegangen werden.

Immer wieder lassen Nachrichten von belasteten Stoffpuppen oder Kunststoffspielsachen Eltern hochschrecken. Obwohl in Deutschland verboten, werden immer noch Azo-Farben (synthetische Farben), Schwermetalle oder Weichmacher in Spielzeug gefunden. Man sollte sich nicht in Sicherheit wiegen, wenn das Spielzeug als „mangelfrei" getestet wurde, denn bei vielen chemischen Verbindungen sind die Auswirkungen auf den Menschen noch nicht erforscht. Häufig sind die Messmethoden noch nicht ausreichend genug und letzten Endes ist eine Dauerbelastung von kleinsten Mengen für den Körper schädlicher als eine kurzfristige höhere Einwirkung. Spielzeug darf jedoch keine Gefahr darstellen, weder in punkto Sicherheit noch durch chemische Ausgasungen oder durch Abrieb von Schadstoffen.

Gutes unbehandeltes oder mit Naturölen und mit Naturfarben behandeltes Holzspielzeug bietet eine Alternative zu den Spielsachen, mit denen unsere Kinder überschwemmt werden. Beim Kauf von Spielzeug sollte Qualität und nicht Masse im Vordergrund stehen. Hochwertiges Holzspielzeug ist leider in der Anschaffung recht kostspielig und viele Eltern können oder wollen für eine relativ kurze Nutzungsphase nicht so viel investieren und suchen nach einem Mittelweg. Im Handel wird auch preiswertes Holzspielzeug angeboten. Bei der Wahl sollte jedoch bedacht werden, dass hier synthetische Farben und eventuell auch Leime zur Herstellung verwendet werden. Dennoch ist in den meisten Fällen Holzspielzeug die bessere Alternative zu Kunststoffprodukten.

Das richtige Produkt wird zu sozial gerechten, ökonomisch ausgewogenen und umweltverträglichen Bedingungen produziert.

Nicht viel Zeit wird vergehen, bis die Kinder größer sind und sie ihre Wünsche zu technischen Produkten äußern: Mobiltelefone, HiFi-Anlagen, Fernseher und Computer finden sich heute in vielen Kinder-/Jugendzimmern. Vor allem der Computer wird ein Teil des Arbeitsplatzes für die Schule. In diesem Bereich gibt es keine ökologischen Waren. Die Produkte unterscheiden sich lediglich im Energieverbrauch, der Langlebigkeit, der Strahlenbelastung und den Produktionsbedingungen.

Der richtige Arbeitsplatz muss für Kinder gleichermaßen wie für Erwachsene nicht nur ökologischen Ansprüchen genügen, sondern auch ergonomisch optimal und leicht an die persönlichen Anforderungen anzupassen sein. Diese Ansprüche sind in gleicher Qualität schwer unter einen Hut zu bringen. Zwar gibt es höhenverstellbare Schreibtische mit verstellbarer Arbeitsfläche, die im vollen Umfang den ökologischen Ansprüchen genügen. Ergonomisch jedoch sind solche Schreibtische nicht besonders empfehlenswert. Ergonomisch gute Möbel sind häufig mit vielen Schadstoffen behaftet wie sie in Kunststoffen, synthetische Lacken, Stoffen und Klebern vorkommen. Einige Anbieter haben einen Mittelweg gefunden und integrieren viele Bauteile aus Holz, das mitunter sogar mit natürlichen Ölen und Wachsen behandelt wurde. In jeder Hinsicht wäre es falsch, beim Kauf von Möbeln für den Arbeitsplatz nur nach dem Preis zu entscheiden.

Zum Arbeiten sollten soweit wie möglich Stifte aus unbehandeltem Holz mit ungiftigen Farben, Mappen und Etuis aus natürlich gegerbtem schwermetallfreiem Leder und umweltfreundliches Papier verwendet werden.

Hygiene und Sauberkeit

Zum gesunden Wohnen und Leben gehört selbstverständlich ein sorgsamer Umgang mit Pflege- und Reinigungsmitteln. Ganz gleich ob ökologische oder nicht ökologische Reinigungsmittel: Ihre Herstellung ist schädlich für die Umwelt allgemein, ein zu intensiver Umgang belastet die Gewässer und natürlich belastet ein zu intensiver Gebrauch auch den Menschen. Dies soll nun kein Plädoyer gegen das Reinigen sein, denn Hygiene und Sauberkeit gehört zweifellos zu den zivilisatorischen Errungenschaften. Durch die steigenden hygienischen Anforderungen in unserer Welt konnten viele Krankheiten verdrängt und ein wirtschaftlicher Fortschritt erst möglich werden. Doch leider steigt der Anspruch an Sauberkeit ungebremst und wird zusätzlich durch die Hersteller von Reinigungsmitteln zur Steigerung ihres Absatzes durch entsprechende Werbemaßnahmen angeheizt. Denn wie in allen Industrien unseres Systems herrscht auch hier die Meinung, dass der Erfolg eines Betriebes nur an seinem Wachstum erkennbar ist. Um das angestrebte Wachstum zu erreichen, muss der Umsatz gesteigert werden und dies wiederum ist nur durch einen höheren Verbrauch möglich. Wir finden nicht nur Reinigungsmittel verschiedener Hersteller und unterschiedlicher Marken in den Regalen der Drogerieketten. Stets werden wir mit immer neuen Spezialreinigungsmitteln für alle erdenklichen Anwendungen überschwemmt.

 Inzwischen gibt es sogar Menschen, die physisch oder psychisch an ihrem Reinigungswahn erkranken. Durch die ständige Konfrontation mit der Werbung für Reinigungsmittel entsteht bei ihnen das Gefühl, schmutzig zu sein, wenn sie nicht ständig saugen, wischen, desinfizieren, waschen und putzen.

Ökologische Reinigungsmittel (Waschmittel, Haushaltsreiniger) (www.biofa.de)

Aus der Praxis: Eine unserer Kundinnen verließ ihr Haus nur mit feinen weißen Baumwollhandschuhen und berührte ohne diesen Schutz nichts außerhalb ihrer Wohnung. Eine meiner Bekannten wechselte und wusch jeden Tag die Handtücher, bis ihr Körper

Tipps zum ökologischen Wohnen und Arbeiten

*Ökologische Reinigungsmittel
(Pflegemittel, Spülmittel)
(www.biofa.de)*

nach einigen Jahren eine Allergie gegen alle Waschmittel entwickelte. Sobald sie mit frisch gewaschenen Stoffen in Berührung kam, entwickelte sich auf der Haut ihrer Hände ein schmerzhaftes Ekzem, das erst nach einigen Tagen wieder abheilte. Derartige Reaktionen kommen glücklicherweise nicht sehr häufig vor. Allerdings werden viele Menschen in den Industrienationen dauerhaft oder zeitweilig von Allergien geplagt. Eine von vielen möglichen Ursachen kann diese übertriebene Sauberkeit sein. In mehreren Untersuchungen wurden bei Menschen mit höheren Ansprüchen an die Reinlichkeit Allergien häufiger festgestellt. Bei Kindern auf dem Lande, die öfters Schmutz und damit Bakterien ausgesetzt waren, entwickelten sich weniger Allergien.

In Reinigungsmitteln können Enzyme, Farbstoffe, Duftstoffe, Aufheller, Lösungsmittel, Tenside, Scheuermittel, Säuren, Basen und Wasserenthärter enthalten sein. Häufig handelt es sich hierbei um petrochemische Stoffe aus nicht erneuerbaren Ressourcen. Aber auch alle anderen Bestandteile werden in aufwendigen und umweltbelastenden Verfahren produziert. Das fertige Produkt wirkt durch seine Inhaltsstoffe negativ auf die Gewässer, belastet die Raumluft und greift nicht selten die Schutzschicht unserer Haut an, macht sie durchlässig für giftige Bestandteile.

Umweltgerechtes Verhalten ist, die Reinigung auf ein wirklich notwendiges Maß zu begrenzen und auf Produkte zurückzugreifen, die zumindest das europäische Umweltzeichen tragen oder, einfacher ausgedrückt, die nach ökologischen Kriterien hergestellt wurden. Zwar sollten auch ökologische Reinigungsmittel sparsam verwendet und dosiert werden. Doch hat man bei der Verwendung ökologischer Reinigungsmittel eine höhere Sicherheit, das Bestmögliche für sich und die Umwelt getan zu haben.

Wie im privaten Haushalt sollte ebenso im öffentlichen Bereich darauf geachtet werden, dass möglichst weitgehend ökologische Ansprüche bei der Reinigung erfüllt werden. Dazu zählt nicht nur die Verwendung ökologischer Reinigungsmittel, sondern auch ein Reinigungsplan der so formuliert ist, dass die Reinigungsintervalle ein vernünftiges Mittelmaß aus zeitlichem Abstand, notwendiger Pflege und Sauberkeit aufweisen.

Verantwortungsvolles und ökologisches Reinigen
- schont die Umwelt,
- hält zusätzliche Belastungen durch Schadstoffe von der Innenraumluft fern,
- bringt in vielerlei Hinsicht ökonomische Vorteile durch Materialeinsparungen,
- bedeutet eine geringere Belastung für die Gesundheit der Menschen.

Eine weitere Belastung für die Umwelt und den Menschen stellt die Anwendung von Körperpflegemitteln und Kosmetika dar. Unser Körper kommt durch diese Produkte mit vielen Giften direkt in Berührung (www.hdnowak.de, Belastende Stoffe in Körperpflegemitteln 2012). Einige Zusatzstoffe in den Produkten machen die Haut durchlässiger für Schadstoffe. Daher ist es auch hier besonders wichtig, sich über die Inhaltsstoffe und deren Wirkung auf unseren Körper zu informieren. Darüber hinaus werden bei der Entwicklung von Kosmetika noch immer Tierversuche durchgeführt.

Naturkosmetikprodukte (www.logona.de)

Ökologisch bewusst leben bedeutet:
- sich für Pflegeprodukte/Kosmetika zu entscheiden, die ohne Tierversuche hergestellt wurden,
- auf Inhaltsstoffe aus natürlichen Substanzen zu achten,
- Produkte mit geringem Verpackungsanteil zu wählen,
- nur Pflegeprodukte und Kosmetika zu kaufen, die tatsächlich benötigt werden,
- die gekauften Produkte dann auch vollständig aufzubrauchen.

Somit kann jeder durch den geringeren Verbrauch von Rohstoffen und weniger Anteil an Abfällen einen zusätzlichen Beitrag für unsere Umwelt leisten.

Insekten, Pilze und Schadtiere im Haus

Trotz bester Pflege und größter Sauberkeit im Haus kann nicht ausgeschlossen werden, dass sich Insekten, Pilze oder Mäuse einnisten. Die Industrie ist darauf vorbereitet und bietet eine Vielzahl von Giften zur Bekämpfung der Plagegeister an. Fast alle Mittel, die im herkömmlichen Handel vertrieben werden, bekämpfen jedoch nicht nur Schädlinge, sondern haben auch einen negativen Einfluss auf unsere Gesundheit. Die Hinweise zur angeblich sicheren Anwendung sind lang und kaum so einzuhalten, wie es beschrieben und empfohlen wird. Hat man es dann geschafft, gemäß Gebrauchsanweisung vorzugehen, ist dennoch nicht sichergestellt, nur etwas „Schädliches" gegen die Schädlinge getan zu haben. Bevor man also in ein Geschäft geht, um die „chemische Keule" gegen einen Schädling zu erwerben, sollten die Alternativen zu diesen teilweise gefährlichen Bioziden bekannt sein.

Schimmel im Haus

Das mit Abstand häufigste Problem im Haus ist die Schimmelbildung. Die Ursache des Schimmelbefalls sind zu feuchte Bauteile. Dabei handelt es sich meistens nicht um Feuchtigkeit, die von außen in das Haus eindringt, sondern um Tauwasserprobleme. Zu kalte Bauteile als Ursache von Baumängeln verschieben den Taupunkt in die Konstruktion und es sammelt sich in diesen Bauteilen oftmals sehr schnell, manchmal aber erst über Jahre, soviel Feuchtigkeit an, dass der Schimmelpilz darauf einen optimalen Nährboden findet.

Die effektivste Methode dem Schimmel Herr zu werden ist, die Baukonstruktion dahingehend zu ändern, dass das Bauteil im Winter nicht zu stark auskühlt. Dazu muss eine zusätzliche äußere Dämmung geschaffen werden. Bei fachgerechter Konstruktion können auch Innendämmungen helfen. Hierbei ist allerdings darauf zu achten, dass eine Dampfbremse oder Dampfsperre vorgesehen wird oder eine Konstruktion mit einem Baumaterial gewählt wird, die verhindert, dass die Außenwand weiterhin durch Tauwasser feucht wird. Sind bauliche Veränderungen am Haus aus Kostengründen nicht möglich oder wurde das Objekt gemietet und der

Vermieter ist zur Beseitigung nicht bereit, muss eine Bekämpfung mit Schimmel abtötenden Mitteln erfolgen. Im Baustoffhandel werden häufig Schimmelentferner auf Chlorbasis vertrieben, die als sogenanntes Depot wirken und reinigende Komponenten und Zusatzstoffe enthalten. Die Wirkstoffe werden über einen langen Zeitraum frei gesetzt, um einen erneuten Schimmelbefall hinauszuzögern. Bei der Anwendung dieser Mittel muss für eine gute Belüftung des Raumes gesorgt und eventuell auftretende Chlordämpfe dürfen nicht eingeatmet werden. Die Depotwirkstoffe belasten sowohl die Raumluft als auch die Bewohner mit Schadstoffen während der gesamten Zeit, in der sie freigesetzt werden. Wenn die Wirkung nachlässt, tritt der Schimmel erneut auf. Beim Kauf von Schimmelentfernern müssen die Risiken und Nebenwirkungen mit bedacht werden.

Achtung: Besondere Vorsicht beim Kauf von Schimmelentfernern!

Die Anbieter müssen mit ihren Rezepturen einen Spagat machen: Einerseits sollen die Chemikalien für die Pilze tödlich oder wachstumshemmend wirken, andererseits dürfen sie Mensch und Umwelt nicht gefährden. Beides zusammen gelingt nur selten. So steht der Wirkstoff Carbendazim unter Verdacht, die Fortpflanzungsfähigkeit zu beeinträchtigen. Und die Isothiazolinone und Benzalkoniumchlorid können Allergien auslösen. Chlorhaltige Mittel reizen Atemwege, Haut und Augen. Gefährlich viel Chlorgas wird freigesetzt, wenn diese Mittel mit Säure zusammentreffen, zum Beispiel sauren Badreinigern.

Da stößt es doch sauer auf, wenn Anbieter die Probleme verharmlosen. „Für Mensch und Tier ungefährlich" ist auf der Flasche von Delu Schimmel Ex zu lesen. Anders auf dem nur auf Nachfrage erhältlichen Sicherheitsdatenblatt. Da wird vor Einatmen, Haut- und Augenkontakt gewarnt. Und die Zinser Perma-White-Dose enthält trotz Deklaration („ohne Lösungsmittel oder Giftstoffe") Fungizide und Ethylenglykol. Stiftung Warentest www.test.de, 2011

Einfachere Mittel und für die Umwelt und die Menschen während der Herstellung, der Anwendung und bei der Entsorgung weniger belastende Stoffe sind Produkte auf Alkoholbasis, mit Volldeklaration und ohne zusätzliche chemische Wirkstoffe. Solche Produkte werden von allen Naturfarbenherstellern angeboten.

Nach einer Anwendung mit ökologischen Schimmelentfernern muss durch Anstriche mit alkalischen Farben wie Kalk- oder Silikatfarben dafür gesorgt werden, dass der Schimmel nicht erneut auftreten kann. Dabei sollte darauf geachtet werden, dass die Wände vorher gründlich von Altanstrichen gereinigt wurden und die neue Farbe direkt auf den mineralischen Untergrund gestrichen wird. Schimmelprobleme, die auftreten, weil das Bauteil von Außen durchfeuchtet ist, können nach der Schimmelbekämpfung nur durch Reparatur des Bauteils nachhaltig beseitigt werden, um ein weiteres Eindringen von Wasser zu verhindern.

Bei der Bekämpfung von Echtem Hausschwamm sollte immer ein Fachbetrieb zu Hilfe genommen werden, der Wert auf Erhaltung des Gebäudes ohne den Einsatz von Chemikalien legt.

Um einen Befall bei Neubauten zu verhindern, ist das Gebäude konstruktiv vor eindringender Feuchtigkeit zu schützen.

Schädlingsbefall von Holz

Hölzer werden vielfach von Schädlingen wie Hausbock und Holzwurm befallen. Die Naturfarbenhersteller bieten hier entsprechende Produkte mit Volldeklaration der Inhaltsstoffe an.

Vorbeugend werden für konstruktive Hölzer diverse Holzschutzmittel angeboten, deren Wirkungsweise bei der herkömmlichen Industrie durch Insektizide und Fungizide unterstützt wird. Harze sorgen für eine Haftung auf den zu schützenden Hölzern und Pigmente sorgen dafür, dass sich erkennen lässt, wo bereits gestrichen wurde oder welche Hölzer behandelt wurden. Das Aufbringen dieses Holzschutzes erfolgt durch Tauchen, Druckimprägnieren, Spritzen oder Streichen. Die Naturfarbenindustrie bietet als vorbeugenden Holzschutz Borsalzimprägnierungen an. Alle Imprägnierungen sind mehr oder weniger

Insekten, Pilze und Schadtiere im Haus

umweltschädlich, entweder durch die verwendeten chemischen Substanzen oder, wie bei Naturprodukten, durch die hohe Konzentration der Schutzmittel, wie sie in der Umwelt nicht vorkommt. Aus diesem Grunde setzt sich der konstruktive Holzschutz immer mehr durch und wird allmählich zur Norm. Durch fachgerechte Planung und Ausführung der Objekte bleibt das bereits technisch getrocknete Holz so trocken, dass eine Gefährdung durch Pilze auf keinen Fall stattfindet. Auch Insekten benötigen eine ausreichende Holzfeuchtigkeit, um in dem Material leben zu können.

Für Holz, das bereits von Insekten befallen ist, werden bekämpfende Holzschutzmittel angeboten. Wir alle kennen die am häufigsten vorkommenden Holzschädlinge, die Holzwürmer und den Hausbock.

Der Holzwurm ist vor allem in alten Möbeln anzutreffen. Seine Bekämpfung erfolgt durch chemische Holzschutzmittel die gestrichen, injiziert oder durch Tauchen auf das befallene Holz aufgetragen werden. Eine restlose Bekämpfung ist nicht hundertprozentig gewährleistet, da nicht sichergestellt werden kann, dass alle Holzwürmer erreicht werden. Sicher ist jedoch bei den chemischen Mitteln, dass von ihnen eine Gefährdung für den Menschen ausgehen kann.

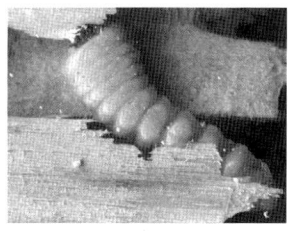

Hausbock: Käfer und Larve

Aus der Praxis: Eine unserer Kundinnen brachte ihren vom Holzwurm befallenen Kleiderschrank zur Bekämpfung in eine Tischlerei. Der Schrank wurde dort auseinander genommen und die einzelnen Teile in ein Becken mit chemischem Holzschutzmittel getaucht. Nachdem die Kundin den Kleiderschrank zurückerhalten hatte, bekam sie gesundheitliche Beschwerden. Die Beschwerden machten sich nur in ihrem Haus bemerkbar, wenn sie sich im Bereich des Schrankes aufhielt. Daraufhin verschenkte sie den wertvollen antiken Kleiderschrank an ein Museum. Sobald der Schrank aus dem Hause war, ging es ihr gesundheitlich wieder gut. Die Tischlerei konnte nicht belangt werden, da ein zugelassenes Holzschutzmittel verwendet wurde.

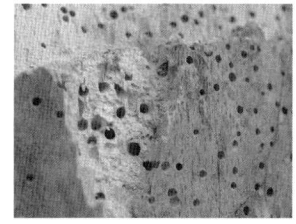

Holzwurm und Holzwurmlöcher

Tipps zum ökologischen Wohnen und Arbeiten

*Kleidermotte
(www.aries.de)*

Schädlingsbefall von Textilien

*Teppichkäfer
(www.aries.de)*

*Messingkäfer
(www.aries.de)*

Die Naturfarbenhersteller bieten ebenfalls bekämpfende Holzschutzmittel an. Deren Wirkung jedoch wird hauptsächlich durch Veränderung der Holzstrukturen hervorgerufen. Die Holzwürmer erkennen das Holz nicht mehr als ihr Nahrungsmittel und verhungern. Andere natürliche Holzschutzmittel wie Holzessig haben allerdings eine relativ geringe Wirkung.

Der wesentlich größere Hausbock kann das befallene Holz stark schädigen. Hier helfen die gleichen Mittel wie beim Holzwurm. Das Schutzmittel sollte möglichst in die Fraßgänge injiziert werden. Besser als die Bekämpfung mit Holzschutzmitteln ist eine Wärmebehandlung, das Abbeilen der befallenen Holzteile oder der Austausch des befallenen Holzes.

Naturtextilien und -teppiche können durch Motten oder durch Teppichkäfer gefährdet sein, wobei der Mottenbefall häufiger auftritt.

Die Industrie bietet diverse Mittel an, deren Inhaltsstoffe nicht nur für die Insekten schädlich sind, sondern auch für die Umwelt und die Menschen. Der umweltfreundlichste und beste Schutz vor Motten und Teppichkäfern ist die Vorbeugung. Dazu gehört eine regelmäßige Kontrolle der Kleidungsstücke aus Naturtextilien, die nicht sehr häufig getragen werden. Motten lieben dunkle, ungestörte Orte und sind daher gerne unter Schränken oder hinter Möbeln tätig. Regelmäßiges Staubsaugen wirkt vorbeugend. Im Sommer sollte beim abendlichen Lüften keine Beleuchtung eingeschaltet sein, denn Licht zieht bekanntlich die Motten an. In die Schränke oder auf schwer einsehbare Flächen des Teppichs sollte Zedernholz oder ein mit ätherischen Ölen getränktes Tuch gelegt werden. Denn Zedernholz und ätherische Öle wie Lavendel-, Zedernholz-, Neem- und Teebaumöl wirken abschreckend gegen Motten. Hier ist zu beachten, dass Zedernholz nur eine begrenzte Zeit wirksam ist und daher regelmäßig angeschliffen werden sollte. Sollte es trotz aller Vorsorgemaßnahmen zu einem Befall kommen, bietet der Handel natürliche Mittel gegen die Motten.

Die bereits erwähnten ätherischen Öle werden zur Vertreibung eingesetzt. Pheromonfallen in Form von

Insekten, Pilze und Schadtiere im Haus

Klebefallen in Mottenboxen dienen der Kontrolle aber auch dazu, die männlichen Motten zu fangen und somit einer Vermehrung entgegenzuwirken. Als begleitende Maßnahme bei starkem Mottenbefall sind tägliche Kontrollen sinnvoll. Motten, die auf den Wänden sitzen, können abgesaugt oder zerdrückt werden. Senkrechter Druck auf die Motte verhindert Flecken auf der Wand.

Sollten Sie mit diesen Mitteln keinen Erfolg haben, bietet sich natürliches Pyrethrum zur Bekämpfung von Insekten an. Pyrethrum ist ein Kontaktgift, das aus der Chrysantheme gewonnen wird und als natürliches Produkt nach der Anwendung schnell seine Wirksamkeit verliert. Pyrethrum ist für alle Insekten und auch für Fische giftig und sollte daher nur angewendet werden, wenn andere natürliche Mittel nicht mehr helfen.

Weitere für den Menschen und Warmblüter einsetzbare natürliche Insektizide sind Emulsionen auf Neemölbasis. Neemöl wirkt auf den Hormonhaushalt der Insekten und unterbindet so deren Möglichkeit zur weiteren Entwicklung.

Gegen alle Schädlinge im Haus gibt es inzwischen gut wirksame natürliche Mittel, die im Gegensatz zu chemischen Produkten sehr risikoarm für die Menschen und die Umwelt sind. Fast alle natürlichen Mittel gegen Insektenbefall sind auch im gewerblichen Bereich einsetzbar und man sollte sie auf jeden Fall den chemischen Mitteln vorziehen.

Eine interessante Bekämpfungsmethode von Pflanzenschädlingen ist außerdem der Einsatz von Nützlingen (siehe Seite 168). Nützlinge sind sowohl im Freien als auch im Haus sehr effektiv. Auch hier schreibe ich aus eigener Erfahrung. Bei meinen Hauspflanzen hatten sich die Blattläuse eingenistet. Der Einsatz von Florfliegen, deren Larven die Blattläuse innerhalb von zehn Tagen beseitigten, verhalf mir wieder zu gesunden Pflanzen.

Gerade auf dem Lande können Mäuse im Haus sehr lästig werden. Die beste Methode zu deren Bekämpfung sind Fallen. Vor allem die Lebendfallen haben sich als

Blattläuse

Florfliege und Florfliegenlarve

sehr hilfreich und tierfreundlich erwiesen. Natürlich, aber weniger freundlich für die Nager, sind zum Beispiel Katzen. Seitdem vor einigen Jahren eine Katze mein Grundstück in ihr Revier mit einbezog, hat die ehemals zu Winterbeginn in mein Haus eindringende Maus keine Chance mehr.

Die Gartengestaltung

Teiche und Badeseen

Zu einer für unsere Augen schönen Landschaft gehören Gewässer. Der Wunsch, im eigenen Garten ein Gewässer anzulegen, ist daher weit verbreitet.

Je nach Größe des Grundstückes reichen die Möglichkeiten von einem kleinen Teich bis hin zu einem großen Badeteich. Der eine oder andere möchte vielleicht zusätzlich einen kleinen Bachlauf in seinem Garten verwirklichen. Für die optimale Lage eines stehenden Gewässers sollten Sie auf ihrem Grundstück über eine ausreichend große Fläche verfügen, die nicht verschattet und durch zu viel fallendes Laub beeinträchtigt wird.

Im Handel finden Sie das nötige Zubehör für die Gestaltung eines Teiches. Viele Gartenbaubetriebe bieten Ihnen die Anlage eines Teiches nach Ihren Wünschen an. Die Angebote reichen vom fertigen Kunststoffbecken über Folienteiche bis hin zu Lehmbodenteichen.

Die ökologische Alternative eines Teiches ist die Anlage mit einem Lehmboden. Leider stellt dies auch die teuerste und die pflegeaufwendigste Art dar, den Garten mit einem Gewässer zu verschönern.

Jeder angelegte Teich sollte so beschaffen sein, dass er sich ausschließlich durch natürliches Wasser,

Regenwasser und in seltenen Fällen über einen eigenen Brunnen speist. Leitungswasser gehört nicht in den eigenen Teich!

Tierleben im Garten

Je natürlicher und unübersichtlicher Sie Ihren Garten anlegen, desto größer ist die Wahrscheinlichkeit, dass sich viele Tiere auf Ihrem Grundstück einfinden werden.

In meinem Naturgarten nisten diverse Vögel vom Zaunkönig bis hin zur Stockente. Igel, Frösche und Kröten fühlen sich auf dem Grundstück genauso zu Hause wie wilde Bienen und verschiedene Hummelarten. Sogar eine Ringelnatter konnte ich im Sommer beobachten und im Januar streifte ein in weißes Winterfell gekleidetes Hermelin durch den schneebedeckten Garten. Bei solch einem Naturleben versteht es sich von selbst, auf Spritzmittel zu verzichten. Um weitere Nutzinsekten anzulocken, gibt es unterschiedliche Hilfsmittel, um ihnen Überwinterungshilfen anzubieten. Baumstammstücke mit unterschiedlich großen und tiefen Löchern gewähren Marienkäfern, Schwebfliegen und anderen Insekten Schutz. Auch alte Blumentöpfe, mit Stroh gefüllt und verkehrt herum in einen Baum gehängt, sind ideale Winterquartiere. Lassen Sie in Ihrem Garten gerne größere Baumstammstücke verrotten.

Nutzinsekten ansiedeln

Aber auch naturnahe Gärten müssen gepflegt werden. Immer wieder höre ich von dem Problem der Gartenabfälle, denn viel Wildwuchs bedeutet auch viel Grünabfall. Bei einem größeren Garten ist eine gute Kompostwirtschaft unbedingt erforderlich, um die Mengen an Grünabfällen zu bewältigen.

Natürliche Lebensräume schaffen

Wenn der Garten für viele Tiere geeignet sein soll, müssen unterschiedliche Lebensräume geschaffen werden: Steinmauern oder Steinhaufen für Wärme liebende Tiere, Holz- oder Reisighaufen als Unterschlupf, Büsche für Vögel, kleine Feuchtbiotope für Amphibien und unterschiedliche Pflanzen als Nahrungs- oder Nistangebot für Insekten. Häufig sind es gerade die von uns verschmähten Wildkräuter, die in unserem Garten für viele Insekten interessant sind.

In einem natürlichen Garten besteht gewöhnlich ein Gleichgewicht zwischen Nützlingen und Schädlingen sowohl bei den Insekten als auch bei den Pflanzen. Leider kann es auch in einem Naturgarten zum massenhaften Auftreten von Pflanzen oder Tieren kommen, die man nicht so gerne mag. Sogleich fallen mir da die Nacktschnecken ein, die sich nachts über die ersten zarten Salatblätter im Gemüsebeet hermachen. Da Gifte verpönt sind, helfen nur eine Kontrolle und das Entfernen der nicht gewünschten Tiere oder Pflanzen. Zwar werden auch natürliche Mittel gegen diese unliebsamen Gäste angeboten. In den meisten Fällen handelt es sich um Vertreibungsmittel mit einer leider nur sehr begrenzten Wirksamkeit.

In unserem Geschäft wurden wir am häufigsten auf Mittel gegen Nacktschnecken und Ameisen angesprochen. Die natürlichen Mittel gegen Ameisen sind für andere Tiere und Menschen nicht giftig und haben eine sehr gute vertreibende Wirkung. Der roten Nacktschnecke, mit Obst und Gemüse aus Spanien nach Mitteleuropa eingeschleppt, ist schon schwerer beizukommen. Hier habe ich in meinem Garten und durch Gespräche mit vielen Kunden sehr persönliche Erfahrungen sammeln dürfen.

Schädlinge bekämpfen

Eine Möglichkeit, gegen die rote Nacktschnecke vorzugehen, ist das Ausbringen von Nematoden (Fadenwürmer), die sich von den Schnecken ernähren. Wer nicht gerade Laufenten in seinem Garten halten möchte, die sich ebenfalls von der roten Nacktschnecke ernähren, dem bleibt keine andere Wahl, als die Schnecken in Bierfallen zu ertränken oder abzusammeln. Einige Unerschrockene benutzen die Schere, um die Schnecken zu zerschneiden, oder sie bestreuen die Tiere mit Salz oder werfen sie in kochendes Wasser. All diese Methoden wende ich nicht an. Ein Lebewesen, und sei es noch so lästig oder winzig, zu verletzen oder gar zu töten, versuche ich wann immer möglich zu vermeiden. Also sammele ich die Schnecken ab und verfrachte sie in

Die Gartengestaltung

Rote Nacktschnecke

einen nahe gelegenen Wald. Mein Gemüsebeet habe ich inzwischen mit einem sehr wirksamen Schneckenzaun aus verzinktem Eisen umgeben.

Wer keine chemischen Mittel in seinem Garten anwenden möchte, muss natürlich andere Wege finden, um Schadtieren, Insekten, Vögeln und Säugetieren Einhalt bieten zu können. Wie zuvor erwähnt, wird durch das Schaffen unterschiedlicher Lebensräume nicht nur den Nutztieren geholfen, sondern Schadtiere werden daran gehindert, sich unkontrolliert auszubreiten.

Gegen kleinere Schadinsekten helfen Nisthilfen für Vögel und Fledermäuse. Bauanleitungen und Empfehlungen für die günstigsten Aufstellmöglichkeiten hält der Naturschutzbund bereit (www.nabu.de, 2012). Die gefiederten Freunde danken nicht nur mit dem Sammeln von Insekten, sie bieten vor allem im Frühjahr und im Frühsommer in den Morgen- und Abendstunden eine beeindruckende Geräuschkulisse. Ein Bestimmungsbuch über Vögel und vielleicht einen Tonträger mit Vogelstimmen im Haus zu haben, hilft herauszufinden, welche Tiere sich im Garten eingefunden haben. Dann gilt es, diesen Tieren durch entsprechende Maßnahmen das Bleiben so schmackhaft wie möglich zu machen.

Die Kastanienminiermotte ist ein Feind der Rosskastanie und anscheinend helfen bei einem Befall zurzeit nur Lockstofffallen, die ab April in die Bäume gehängt werden. Durch die Verwendung einer Lockstofffalle hat sich meine Kastanie wieder prächtig erholt. Dieses Jahr konnte ich jedoch beobachten, wie immer wieder Meisen in meine Kastanie flogen und dort die Blätter absuchten. Auch Schwalben umkreisten unaufhörlich den Baum. Ich vermute, dass diese Vögel auf den Geschmack der Miniermotte gekommen sind.

Durch das Anpflanzen eines bis zu acht Meter hohen und sehr dichten Bambushains habe ich einen hervorragenden Überwinterungs- und Übernachtungsplatz für Feldsperlinge geschaffen, die sich darin oft zu mehr als hundert Vögeln versammeln.

Der Wintergarten – Oder: Die Nutzung natürlicher Wärme

Während man in den südlichen Ländern bei durchschnittlich hohen Tagestemperaturen bestrebt ist, das Gebäudeinnere vor der Tageswärme zu schützen, möchten die Menschen in den kühlen Klimazonen die Wärme solange wie möglich nutzen und durch entsprechende Konstruktionen den Sommer in den Innenräumen verlängern.

Neben den Heizungsanlagen, deren Nachteil der Verbrauch von zugeführter Energie ist, wird die Sonne zum Aufheizen von Gebäuden genutzt. Dieses geschieht durch Sonnenkollektoren, entsprechende Fassadengestaltung und Ausrichtung des Gebäudes sowie durch einen Wintergartenanbau. Der Vorteil eines Wintergartens liegt nicht nur darin, einen zusätzlichen, lichtdurchfluteten Raum zu schaffen, sondern er fungiert auch als Wärmepuffer für das Haus. Die richtige Lage eines Wintergartens ist auf der Süd- bis Westseite eines Gebäudes, um eine möglichst lange Zeit der Besonnung zu erreichen. Während in den Wohnräumen schon geheizt werden muss, kommt ein richtig geplanter Wintergarten in den Übergangszeiten ohne zusätzliche Beheizung aus, um ein angenehmes Klima zum Verweilen zu schaffen. Wie bei allen Baumaterialien gilt auch für die Baustoffe des Wintergartens, dass sie in ihrer Gesamtbilanz möglichst mehr Energieersparnis gewährleisten sollten, als Energie in ihrer Gesamtheit zu verbrauchen. Sie dürfen bei der Herstellung und im Gebäude zu keiner Belastung der Umwelt und der Raumluft führen. Der Pflege- und Erhaltungsaufwand sollte so gering wie möglich sein.

Zur Außengestaltung des Wintergartens gibt es unterschiedliche Möglichkeiten. Die am häufigsten gebräuchliche Art der Ausführung ist eine Verglasung von Dach und Fassade. Für das Dach bietet sich aber auch eine teilweise oder komplette Dämmung an. Der Vorteil der Komplettverglasung liegt in der stärkeren Erwärmung und ermöglicht so eine häufigere Nutzung in der kälteren Jahreszeit. Der Nachteil liegt in einer derart starken

Erwärmung in der Sommerzeit, dass man beim Aufenthalt im Wintergarten tagsüber kaum ohne zusätzliche Beschattung auskommt. Die Beschattung des Wintergartens kann durch Pflanzen, Segel, Markisen oder Rollläden erfolgen. Bei der Wahl des Beschattungsmaterials ist darauf zu achten, dass es sich bei den meisten Stoffen um Kunststoffe und keine ökologischen Produkte handeln kann und dass alle Stoffe, die außen verwendet werden, imprägniert und mit Schimmelschutz behandelt sind. Rollläden werden mit synthetischen Farben vor Witterungseinflüssen geschützt.

Die Konstruktion sollte winddicht sein. Für die Verglasung werden entweder Isolierglasscheiben oder isolierende Kunststoffplatten (Mehrfachstegplatten) gewählt. Wird beim Dach Glas eingesetzt, ist darauf zu achten, dass dort Sicherheitsglas verwendet wird.

Um eine längere Nutzung in die Abendstunden hinein zu ermöglichen, sind Wärmespeicher im Inneren von Vorteil. Wärmespeicher können das Außenmauerwerk des Hauses sein, der Fußboden des Wintergartens oder ein kleiner Teich.

Weiterhin ist für eine ausreichende Querlüftung zu sorgen. Es bietet sich an, überschüssige Wärme, die zum höchsten Punkt des Wintergartens strebt, über ein Kanalsystem in das Wohnhaus abzuleiten.

Entgegen dem ursprünglichen Gedanken des Wintergartens, werden diese heutzutage überwiegend als Erweiterung des Wohnbereiches genutzt, ausgestattet mit zusätzlichen Heizkörpern oder Fußbodenheizung. Diese Form der Nutzung kann den ursprünglichen Sinn des Energiesparens in das Gegenteil verkehren, da unter Umständen an kalten Tagen mehr Energie eingespeist werden muss, als an warmen Tagen gewonnen werden kann. Wird der Wintergarten als Erweiterung des Wohnraumes genutzt, entspricht die innere Ausstattung in der Folge diesem Gedanken. Der Fußboden erhält eine isolierte Betonsohle und wird anschließend gefliest. Die Wintergartenatmosphäre wird durch das Aufstellen von Kübelpflanzen erreicht. Die Alternative hierzu wären teilweise offene Pflanzlöcher oder ein Boden ohne Sohlplatte, also mit offenem Erdreich, zu gestalten. Im letzten Fall werden die Pflanzen direkt ins Erdreich gesetzt. Für den Aufenthalt werden Sitzinseln vorgesehen.

Bei der Entscheidung für einen Wintergarten sollte man sich genaue Vorstellungen über die angestrebte Nutzung machen. Wer tropische Pflanzen bevorzugt, muss den Innenraum frostfrei halten, was in unseren Breiten zwangsläufig eine zeitweise Beheizung erfordert. Bei einer Bepflanzung mit mediterranen Gewächsen wird diesen eine kurze leichte Frostperiode nicht schaden.

Der ideale ökologische Wintergarten wird aus Holz konstruiert. Die Verglasung wird als Ausfachung zwischen die Holzkonstruktion montiert oder vor die Holzkonstruktion gesetzt. Bei der Fachwerklösung ist es eine besondere Herausforderung, den Wintergarten winddicht zu bekommen, während bei der vorgehängten Glasfassade die Scheiben in Metallprofile eingesetzt werden. In beiden Fällen wird man, um die heutigen technischen Anforderungen an Gebäude zu erfüllen, nicht komplett in ökologischer Weise bauen können.

Kurzwelliges Licht dringt durch das Glas in den Raum und trifft dort auf Licht absorbierende Flächen und Gegenstände. Je dunkler und massiver diese Flächen sind, desto besser wird das kurzwellige Licht in langwellige Wärmestrahlung umgewandelt, die von den Scheiben wieder nach innen zurück reflektiert wird. Je besser die Scheiben dämmen, desto mehr Wärme verbleibt im Wintergarten.

In der Glasherstellung ist eine hohe Innovationskraft zu verfolgen. Zum Beispiel gibt es inzwischen Gläser mit einem Umkehreffekt: Im Winter isolieren die Scheiben von innen nach außen, im Sommer erfolgt dieser Vorgang genau umgekehrt. Schon länger sind Gläser auf dem Markt, die UVB-Strahlen passieren lassen. Die UVB-Strahlen erzeugen Sonnenbräune, in der Natur tragen diese Strahlen zu gesundem Wachstum von Pflanzen und Tieren bei und demzufolge wären solche Gläser für einen Wintergarten besonders gut geeignet. Doch der Nachteil überwiegt, da die Gläser nicht in wärmedämmender Qualität hergestellt werden.

Je besser die Wärmedämmung eines Glases, desto geringer ist die Lichtdurchlässigkeit. Auch diese Eigenschaft hat Auswirkungen auf die Lebensqualität im Wintergarten im Vergleich zum Aufenthalt im Freien.

Neben den Wintergärten, bei denen Holz die statischen Funktionen übernimmt, werden für viele Wintergärten Metallprofile als tragendes Element eingesetzt. Der Vorteil liegt in den kleineren Dimensionen dieser Profile und damit einer größeren Lichtausbeute. Metallprofile benötigen einen geringeren Pflegeaufwand und sind auf Dauer formstabiler. Der Nachteil liegt in der höheren Belastung der Umwelt bei der Produktion, einer größeren Entfernung vom Gedanken des natürlichen Wohnens und durch das Metall eine Ablenkung natürlicher Strahlungen.

Ein ökologisch geplanter Wintergarten wird so weit wie möglich aus natürlichen, nachwachsenden Rohstoffen gebaut und dient nicht in erster Linie als Vergrößerung der Wohnfläche, die eine technische Ausstattung erfordert, die nicht sein sollte.

Nachwort – Ein Plädoyer für mehr ökologisches Bewusstsein

Durch die Medien, die Politik und Diskussionen mit Freunden und Bekannten sind uns die heutigen ökologischen Probleme allgegenwärtig: Saurer Regen, Feinstäube in der Atemluft, Verkehrslärm, elektrische und elektromagnetische Wellen, Überdüngung der Gewässer, Meeresverschmutzung, radioaktive Verseuchung, Baumsterben, Abschmelzen der Gletscher, Überfischung der Gewässer, Hungersnöte, CO_2-Anstieg in der Atmosphäre, Lichtverschmutzung, Steigen des Meeresspiegels, Gifte in Lebensmitteln, Allergien, MCS (Multiple Chemical Sensitivity), Zunahme von Wetterkatastrophen, Ozonloch, Aussterben von Tierarten, Klimaerwärmung – all dies sind negative Schlagzeilen, mit denen wir regelmäßig konfrontiert werden und die uns immer wieder aufs Neue an unsere ökologische Verantwortung erinnern.

In Politik, Wirtschaft und Wissenschaft gilt das Konzept der Nachhaltigkeit häufig als Schlüssel aus dieser Misere. Mittlerweile hat sich hier das Nachhaltigkeitsdreieck mit seinen drei Säulen Ökologie, Ökonomie und soziale Gerechtigkeit durchgesetzt. Demzufolge heißt nachhaltige Entwicklung „Umweltgesichtspunkte gleichberechtigt mit sozialen und wirtschaftlichen Gesichtspunkten zu berücksichtigen." (www.nachhaltigkeit.info, 2012). Dabei ist nicht der Gedanke der Nachhaltigkeit an sich zu kritisieren, doch wie mit diesem Begriff umgegangen wird bzw. wie Nachhaltigkeit inzwischen häufig zu einem reinen Wirtschaftsfaktor verkommen ist. So steht in vielen Anwendungen immer noch der wirtschaftliche Fortschrittsgedanke im Vordergrund und nicht die Besinnung auf natürliche Werte.

Wir alle werden fast täglich durch die Werbung auf die Notwendigkeit einer nachhaltigen Lebensweise hingewiesen – selbst von Firmen, deren Produkte alles andere als ökologisch sind. Wir hören Kommentare, die ökologische Verhaltensweisen oder Produkte empfehlen, um daraus ökonomischen Profit zu erzielen. Der nicht ökologischen

Nachwort

Industrie ist es durch die Wortschöpfung der Nachhaltigkeit gelungen, das Interesse an ökologischen Fragen für sich zu reklamieren. Nachhaltigkeit ist inzwischen oft zu einer Worthülse verkommen, mit der sich zum eigenen Nutzen Aufmerksamkeit und Anerkennung in der Öffentlichkeit erlangen lässt, ohne Substanzielles zu erzeugen. Auf diese Weise ist es trotz „Nachhaltigkeit" fraglich, ob wir die gesteckten Ziele erreichen werden, die Artenvielfalt in Flora und Fauna nicht weiter dramatisch zurückgeht und unsere Erde nicht weiterhin ökologisch verarmt.

Viele Menschen stellen sich ihrer ökologischen Verantwortung nicht oder halten sie für nebensächlich. Sie fühlen sich nicht direkt betroffen, weil sie die Auswirkungen nicht an ihrem eigenen Körper spüren, und selbst wenn ihr Körper streikt, erkennen sie selten einen direkten Einfluss von Umweltbelastungen. Andere resignieren, weil sie denken, als Einzelne nichts bewirken zu können und wälzen die eigene Verantwortung für Umweltzerstörung und Profitdenken auf die Politik und Wirtschaft ab. Leider ist kaum jemand bereit, auf den gewohnten Komfort zu verzichten und seine Gewohnheiten zu ändern. Jeder möchte seinen Status in der Gesellschaft aufrechterhalten.

Doch nur wenn ein Umdenken in unseren Köpfen und unseren Herzen stattfindet, werden wir den Nutzen ökologischen Handelns als das verstehen, was er sein soll: die Schaffung eines persönlichen Umfeldes ohne negative Auswirkungen für uns und unsere Mitmenschen sowie alles andere Leben auf der Erde. Unser Handeln sollte die Umwelt und die Lebensatmosphäre auf der ganzen Welt so verbessern, dass diese für uns und die folgenden Generationen ohne Beeinträchtigungen durch Gifte, Lärm und Gefahren lebenswerter wird. Einen Beitrag dazu liefern hieße, nicht mehr gedankenlos zu konsumieren und in allen Bereichen umweltfreundlich und sozial verträglich produzierte Produkte zu bevorzugen, die im Gebrauch die Umwelt nicht belasten und zu guter Letzt umweltfreundlich entsorgt oder wiederverwertet werden können.

Ökologie benötigt dazu keinen Überbegriff. Soziale und ökonomische Nachhaltigkeit sind Anhängsel des ökologischen Handelns. Ökologie bedeutet ein natürliches Ansinnen der Menschen für eine bessere Umwelt, eine saubere Luft, schadstofffreie Produkte, sauberes Wasser, saubere Böden, saubere Atmosphäre, Biodiversität, gerechte Bezahlung für Leistung, würdevolle Arbeitsbedingungen und gefahrlose Arbeitsplätze. Eine ökologische Veränderung muss vom Herzen kommen und mit dem Verstand ausgeführt werden, damit wir Menschen mit allem anderen Leben auf unserer Erde einer gesicherten Zukunft entgegensehen können.

Nachwort

Das Wichtigste in Kürze

Bei der Suche nach einem Grundstück, einer Wohnung oder einem Haus sind folgende Punkte zu beachten:

- Infrastruktur
- Verkehrsanbindung
- Bebauungsplan und Flächennutzungsplan einsehen
- Lärmemission durch Straßen, Wasserwege, Bahntrassen, Flugschneisen, Industrie, Veranstaltungsorte, Kirche, Schulen und Kindergärten
- Emission von schädlichen Gasen oder Gerüchen
- Emission von radioaktiven Stoffen durch natürliche Bodenverhältnisse, von Kraftwerken und durch Röntgenpraxen
- elektrische und elektromagnetische Felder durch Sender, Funkmasten, Hochspannungsleitungen und Bahntrassen
- soziales Umfeld
- Trinkwasserqualität
- Einwirkung von Schadstoffen und Gerüchen aus der Landwirtschaft
- Bodenqualität
- Grundwasserstand und Tragfähigkeit des Bodens für die Gründung
- Gefährdung durch Hochwasser
- wind- und unwetterexponierte Lage
- Besonnung und Beschattung
- Lichtemission durch Straßenbeleuchtung, Verkehrswege, Lichtwerbung und Industrieanlagen

Auswahl von ökologischen Baustoffen für die Errichtung von Gebäuden

Umfassungswände und Fassade:
Porenziegel ohne zusätzliche Dämmung oder mit natürlichem Dämmstoff (kein Styropor!), Verblendziegel, nicht imprägniertes Holz, Tonplattenfassade, Schiefer, Holzschindeln, keine Verwendung von Kunststoffkleber für die Maurerarbeiten, Lehm

Gründung:
Hier wird Beton als üblicher Baustoff verwendet, da ökologische Alternativen wenig praktikabel sind.

Zwischendecken:
Holz mit Einschub aus Lehm, Quarzsand, Tonsteinen

Dach:
Holz, Tonsteine, Tonziegel (keine glasierten!), Schiefer, Holzschindeln, Reet

Dämmstoffe:
Kork, Hanf (ohne synthetische Ausrüstung), Flachs (ohne synthetische Ausrüstung), Zellulosedämmstoff, Blähton, Perlite, Vermiculit, Foamglas, Holzweichfaserplatten, Schafwolle, Holzspäne, Kalziumsilikatplatten

Putze:
Kalkzementputz, Lehmputz, Kalkputz, Gipsputz (ohne eventuell problematische Grundierungen), Wollputze (aus nicht ausgerüsteten Naturfasern)

Trockenputze:
Gipskartonplatten, Gipsfaserplatten, Lehmleichtbauplatten

Wandverkleidungen und Wandfarben:
Holz, Naturstoffbespannungen, Naturkork, Raufaser mit Ökosiegel, Naturharzdispersionen, Lehmfarben, Silikatfarben, Kalkfarben, Marmormehlfarben

Fußboden:
Holz, Linoleum, Kork, Fliesen, Naturwollteppiche (ohne chemische Ausrüstung), Sisal, Kokos, Natursteine, Terrakotta, glasierte Fliesen, Trockenestrichplatten aus Gipsfaserplatten ohne Dämmung oder mit Weichfaserdämmplatten. Zementestrich ist kein ökologischer Baustoff, aber als verbreitete Unterkonstruktion ohne Mineralwolle oder Styropor tolerierbar.

Technische Ausrüstung:
abgeschirmte Elektrokabel, abgeschirmte Schalter und Steckdosen, Netzfreischalter, PE-Abflussrohre, Komposttoiletten, Kachelofen, Brennwertheizungen, Flächenheizungen, Hauskläranlage für Brauchwasser, Solarzellen, Windenergienutzung, Sonnenkollektoren, mechanische Geräte in der Küche, Festnetztelefone und Festnetz-Internetverbindungen, Energiesparpotenziale ausnutzen, Wärmeaustauscher

Sonstige Baustoffe und Anmerkungen:
Naturfarben und Naturholzschutzmittel (alle Anstriche müssen eine Volldeklaration haben), Holzfenster (kein Tropenholz), Isolierglasscheiben, Massivholzinnentüren und -hauseingangstüren

Bei allen seinen Entscheidungsfindungen für Baustoffe und andere Materialien sollte man sich soweit wie möglich durch folgende übergeordnete Kriterien leiten lassen:

- Die Transportwege für die Anlieferung sollten auf das notwendige Mindestmaß begrenzt werden, das heißt regionale Baustoffe wählen.
- Keine Beeinträchtigung der Natur und des Landschaftsbildes.
- Keine negativen Auswirkungen auf das Klima.
- Baumaterialien aus Naturstoffen, ohne die natürlichen Ressourcen zu beeinträchtigen.
- Keine chemische oder radioaktive Belastung der Materialen und durch diese Stoffe. Keine Gifte!
- Positive raumklimatische Auswirkungen durch die Eigenschaften der Materialien.
- Geringer Energieaufwand zur Herstellung und bei der Nutzung.
- Das energetische Einsparpotenzial während der Nutzungsdauer ist wesentlich höher als der energetische Aufwand bei der Herstellung. (Achtung! Es fehlen hier verlässliche und nachprüfbare Aussagen für alle technischen Anlagen für die Nutzung regenerativer Energiequellen.)

Nachwort

- Lange Lebensdauer.
- Geringer Pflegeaufwand.
- Große Reinigungsintervalle.
- Keine synthetischen Materialien mit unbekannten Folgen für die Hersteller, die Anwender, die Bewohner, die Natur und das ökologische Gleichgewicht.
- Gute Wärmedämmeigenschaften.
- Geringer Rohstoffeinsatz.
- Gute Schalldämmung und akustische Eigenschaften.
- Keine Erzeugung von elektrischen oder elektromagnetischen Feldern.
- Auf die Raumnutzung abgestimmte Material- und Farbauswahl.
- Gute physikalische Eigenschaften.
- Soziale Verantwortung.

Zusammenstellung der Internetadressen von einigen Herstellern ökologischer Produkte

Diese Liste ist lediglich eine Auswahl von Herstellern ökologischer Produkte und erhebt keinen Anspruch auf Vollständigkeit.

Naturfarben

www.alchimea.de Alchimea Naturwaren GmbH, Bexbach (Saarland)
www.auro.de Auro Pflanzenchemie AG, Braunschweig
www.beeck.de Louis Gnatz GmbH, BEECK'sche Farbwerke, Laichingen
www.biofa.de BIOFA Naturprodukte W. Hahn GmbH, Bad Boll
www.biopin.de biopin Vertriebs-GmbH, Jever
www.greenline-online.de greenline GmbH, Oldenburg
www.haganatur.ch HAGA AG Naturbaustoffe, Rupperswil (Schweiz)
www.hesedorfer.de Hesedorfer Naturfarben, Inh.: Annette Buck e. K., Hesedorf / Gyhum
www.keimfarben.de KEIMFARBEN GmbH, Diedorf und Luckau
www.kreidezeit.de KREIDEZEIT Naturfarben GmbH, Sehlem
www.leinos.de Reincke Naturfarben GmbH, Buxtehude
www.livos.de LIVOS Pflanzenchemie GmbH & Co. KG, Wrestedt
www.naturhaus.net Naturhaus Naturfarben GmbH, Riedering
www.reincke-naturfarben.de Reincke Naturfarben GmbH, Buxtehude
www.sehestedter-naturfarben.de Sehestedter Naturfarben, Inh.: Marten Riedl e. K., Sehestedt
www.volvox.de Ecotec Naturfarben GmbH, Luedenscheid

Matratzen und Bettwaren

www.allnatura.de allnatura Vertriebs GmbH & Co. KG, Heubach

www.baumberger.eu Baumberger Schlafkomfort, Elzach
www.dormiente.com dormiente Naturmatratzen Futons Betten GmbH, Heuchelheim
www.elo-betten.com elo Steppdecken-Matratzen Liebrich GmbH, Ohmden/Teck
www.futonia.de Futonia GmbH Naturmöbel, Hamburg
www.hessnatur.com Hess Natur-Textilien GmbH, Butzbach
www.huesler-nest.ch Hüsler Nest AG, Oberbipp (Schweiz)
www.kapok.de KAPOK-KONTOR, Matratzenmanufaktur und Faserimport, Rottenburg am Neckar
www.lonsberg.de Lonsberg Naturbetten GmbH & Co. KG, Lippstadt
www.lotus-design.de DHARMA Druck- und Vertriebs-GmbH, Pulheim
www.prolana.de Prolana GmbH, Waldburg-Hannober
www.pronatura.at JOKA-WERKE, Johann Kapsamer GmbH & Co KG, Schwanenstadt (Österreich)
www.rasche-uhlhorn.de SANADORM Matratzen Lange, Willebadessen
www.relax-bettsysteme.at RELAX - Natürlich Wohnen GmbH, Obertrum am See (Österreich)
www.schlafteam.de SchlafTeam GmbH, Kupferberg
www.speltex.de Speltex KG, Obermoschel
www.steinbeckdecken.de Steinbeck GmbH, Memmingen

Fußbodenbeläge und Holz
www.aht-teppiche.de Allgäuer Handwebereien Thalkirchdorf, A.Hense GmbH & Co KG, Oberstaufen
www.bambeau.de (Bambusdielen) Becker & Großgarten GmbH, Frechen
www.cortex.de (Kork, Linoleum) cortex korkvertriebs GmbH, Nürnberg
www.duroflor.de (Sisal- und Kokosbeläge) Duroflor Koco Ltd., London
www.forbo-flooring.de Forbo Flooring GmbH, Paderborn
www.habbishaw.de Teppichmanufaktur Teja Habbishaw, Homberg-Rückersfeld
www.haro-teppiche.de PAULIG Teppichweberei GmbH, Schwarzbach

Internetadressen von Herstellern

www.henjes.de F. Aug. Henjes GmbH & Co. KG, Oyten
www.liamonte-teppiche.de LIAMONTE feine Tapisserie, Inh.: Otto Scheda e. K., Waakirchen
www.naturbodenausschweden.de AB Berg & Berg, Kallinge (Schweden)
www.nordland-naturteppich.de nordland natur-teppichboden GmbH, Horst
www.oschwaldkirch.de (Teppiche und Linoleum) OSCHWALD ABC der Wohnidee GmbH, Waldkirch
www.tretford.de Weseler Teppich GmbH & Co. KG, Wesel
www.woodline.de (Massivholzböden) Woodline, Staufen

Bau- und Dämmstoffe
www.casanatura24.de Casa NATURA, Balingen-Endingen, Lehmprodukte
www.claytec.com CLAYTEC, Inhaber: Peter Breidenbach e. K., Viersen, Lehmprodukte
www.climacell.de CWA Cellulosewerk Angelbachtal GmbH, Angelbachtal, Zellulosedämmung
www.climatizer.de RUTHMANN GmbH, Hückelhoven, Zellulosedämmung
www.dobry-daemmsysteme.de ISOBLOW GmbH, Burladingen, Zellulosedämmung
www.eternit.de Eternit Aktiengesellschaft, Heidelberg, Kalzium-Silikat-Platten
www.flachshaus.de Waldviertler Flachshaus GmbH, Friedersbach (Österreich)
www.foamglas.de Deutsche FOAMGLAS® GmbH, Schmiedefeld, Dämmstoffe
www.geko-bau.de GEKO Maschinenbau GmbH, Sehnde, Dämmsysteme
www.gutex.de GUTEX Holzfaserplattenwerk H. Henselmann GmbH & Co KG, Waldshut-Tiengen, Holzweichfaserplatten
www.hiss-reet.de HISS REET Schilfrohrhandel GmbH, Bad Oldesloe, Reet
www.homatherm.com HOMATHERM GmbH, Berga, Dämmstoffe
www.isofloc.de isofloc Wärmedämmtechnik GmbH, Lohfelden, Zellulosedämmung

www.knauf-perlite.de KNAUF AQUAPANEL GmbH, Dortmund, Dämmstoffe
www.lesando.de Lesando GmbH, Dettelbach, Lehmprodukte
www.liapor.com Liapor GmbH & Co. KG, Hallerndorf-Pautzfeld, Blähton
www.pavatex.de, PAVATEX GmbH, Leutkirch, Holzweichfaserplatten
www.proclima.com MOLL bauökologische Produkte GmbH, Schwetzingen, Dämmzubehör
www.thermofloc.com Peter Seppele GmbH, Feistritz/Drau (Österreich), Zellulosedämmung
www.thermo-hanf.de Hock GmbH & Co. KG, Nördlingen

Massivholzmöbel
www.debreuyn.de De Breuyn Möbel GmbH, Köln, Jugendmöbel
www.holzschmiede.de Holzschmiede Massivholzmöbel GmbH, Thurnau, Massivholzmöbel
www.lifetime.dk LIFETIME Kidsrooms, M.Schack Engel A/S, Højer (Dänemark), Jugendmöbel
www.moizi.de MOIZI Möbel GmbH, Brakel, Arbeitsmöbel
www.t-drei.at T-drei Wohnkollektion GmbH, Hohenzell (Österreich), Massivholzmöbel
www.team7.at TEAM 7 Natürlich Wohnen GmbH, Ried i. I. (Österreich), Massivholzmöbel
www.trend.de TREND Einrichtungs-GmbH, Buchen/Odenwald, Massivholzmöbel
www.wolkenweich.de Wolkenweich Polster-Manufaktur GmbH, Lübbecke, Naturpolstermöbel

Lampen
www.biolicht.ch Villiton: Jakob Villiger, Hämikon Berg (Schweiz)
www.domus-licht.de DOMUS - Licht zum Wohnen GmbH, Bad Münder
www.natur-nah.de natur-nah, Inhaber: Michael Grassegger, Wrestedt
www.ross-licht.de ROSS Gesundes Licht, Hamburg
www.viva-lite.de Viva-Lite International Ltd., Waiheke Island (Neuseeland)

Textilien
www.cotonea.de Gebr. Elmer & Zweifel GmbH & Co. KG, Bempflingen, Bettwäsche
www.engel-natur.de Engel GmbH, Pfullingen, Naturwäsche
www.filzhausschuhe.de Filzwarenfabrik Georg Dimmel, Eibenstock, Filzschuhe
www.patundpatty.de PAT & PATTY, Inhaberin: Kerstin Dorow, Hürtgenwald-Straß, Kinderbekleidung

Dünger, Pflanzenschutz, Ungezieferbekämpfung
www.aries-online.de ARIES® Umweltprodukte, Inhaber Klaus-Dieter Szczesny, Horstedt, Ungezieferschutz, Pflanzenpflege, Saaten
www.biplantol.de, BIOPLANT Naturverfahren GmbH, Konstanz, biologische Pflanzenhilfsmittel
www.edaphon-humuswerk.de Humuswerk Barbecke, Inhaber: Alfons Ludwig, Lengede, Erden, Dünger
www.oscorna.de OSCORNA-DÜNGER GmbH & Co. KG, Ulm, Dünger, Pflanzenschutz
www.re-natur.de re-natur GmbH, Ruhwinkel, Teiche, Gründächer, biologischer Pflanzenschutz

Wasch- und Reinigungsmittel, Körperpflege und Kosmetik
www.auro.de AURO Pflanzenchemie Aktiengesellschaft, Braunschweig, Wasch- und Reinigungsmittel
www.biofa.de BIOFA Naturprodukte W. Hahn GmbH, Bad Boll, Wasch- und Reinigungsmittel
www.dorith-kosmetik.de Dorith Kosmetik GmbH, Bad Boll, Kosmetik und Körperpflege
www.ecover.com ECOVER Deutschland GmbH, Stuttgart, Wasch- und Reinigungsmittel
www.farfalla.ch Farfalla Essentials AG, Uster (Schweiz), Naturkosmetik
www.jeikner.de Jeikner KG, Kreuztal, Reinigungsmittel
www.lavera.de Laverana GmbH & Co. KG, Wennigsen, Kosmetik und Körperpflege
www.logona.com LOGOCOS NATURKOSMETIK AG, Salzhemmendorf, Kosmetik und Körperpflege

www.urtekram.dk UrtekramInternational A/S, Mariager (Dänemark), Kosmetik und Körperpflege
www.wala.de WALA Heilmittel GmbH, Bad Boll/Eckwälden, Kosmetik und Körperpflege
www.weleda.de Weleda AG, Schwäbisch Gmünd, Kosmetik und Körperpflege

Sonstiges
www.delphin-proair.de PROAIR GmbH, Argenbühl-Eglofs, Staubsauger mit Wasserfilter
www.kaercher.de Alfred Kärcher Vertriebs-GmbH, Winnenden, Wasserfilterstaubsauger
www.pinotgris.de Pinot Gris Bioweinhandel UG, Hamburg, Bioweingroßhandel
www.sonnenleder.de Sonnen-Leder GmbH, Bodman-Ludwigshafen, naturgegerbtes Leder
www.stockmar.de Hans Stockmar GmbH & Co. KG, Kaltenkirchen, Künstlerfarben

Einige weiterführende Internetseiten zum Thema ökologisch Bauen und Wohnen
www.baubiologie-ibr.de Institut für Baubiologie Rosenheim GmbH
www.baubiologie.de Institut für Baubiologie + Ökologie, Neubeuern
www.baubiologie-regional.de Internetplattform für gesundes Bauen und Wohnen
www.baunetzwissen.de BauNetz Media GmbH, Berlin
www.bremer-umweltinstitut.de Bremer Umweltinstitut, Gesellschaft für Schadstoffanalysen und Begutachtung mbH
www.eco-institut.de eco-INSTITUT GmbH, Produkt- und Emissionsprüfung
www.hdnowak.de Naturheilpraxis NOWAK, Altenativmethoden zur Gesunderhaltung
www.holzfragen.de Sachverständigenbüro für Holzschutz
www.ihg-ev.de Interessengemeinschaft der Holzschutzmittelgeschädigten e. V.
www.inaro.de Informationssystem Nachwachsende Rohstoffe, Institut für umweltgerechte Landbewirtschaftung

www.medizininfo.de Gesundheitsportal für Verbraucher und Fachkräfte
www.strahlentelex.de Informationsdienst mit ElektrosmogReport
www.nachhaltigkeit.info Lexikon der Nachhaltigkeit erstellt durch die Aachener Stiftung Kathy Beys
www.natureplus.org Internationaler Verein für zukunftsfähiges Bauen und Wohnen - natureplus e. V.
www.oeko.de Öko-Institut e. V. Institut für angewandte Ökologie
www.qul-ev.de Qualitätsverband Umweltverträgliche Latexmatratzen
www.strahlung-gratis.de Informationsseite über EMF-Exposition durch elektrische, magnetische und elektromagnetische Felder
www.schadenhilfe.de Schadenhilfe AG Netzwerkportal

Abbildungsnachweise

S. 14	Übersicht über die Radonkonzentration in der Bodenluft in einem Meter Tiefe. Grafik: Bundesamt für Strahlenschutz
S. 20	Mit freundlicher Genehmigung des natureplus e.V., Internationaler Verein für zukunftsfähiges Bauen und Wohnen, Neckargemünd
S. 28	H. Artelt
S. 29	Foto: Deutsche FOAMGLAS GmbH, Erkrath
S. 35	H. Artelt
S. 40	H. Artelt
S. 41, o.	Mit freundlicher Genehmigung der Gutes Holz Service GmbH, FSC Deutschland, Freiburg i. Br.
S. 41, u.	Foto: Hiss Reet Schilfrohrhandel GmbH, Bad Oldesloe
S. 42	Woodline, Staufen, www.woodline.de
S. 42	Woodline, Staufen, www.woodline.de
S. 47	H. Artelt
S. 49	Richtlinien der Berufsgenossenschaft der Bauwirtschaft zum Umgang mit Mineralwolle
S. 50, o.	Foto: ISOCELL GmbH, Neumarkt am Wallersee (Österreich)
S. 50, u.	Foto: ISOCELL GmbH, Neumarkt am Wallersee (Österreich)
S. 54	Foto: www.agepan.de
S. 55	Foto: Güteschutz Ziegelmontagebau e.V., Recklinghausen
S. 57	Foto: re-natur GmbH, Ruhwinkel
S. 59	Foto: Beyer-Holzschindel GmbH, Weissenkirchen (Österreich)
S. 64	H. Artelt
S. 113	Foto: Woodline, Staufen, www.woodline.de

Abbildungsnachweise

S. 115, o.	Foto: Manfred Werner, Wikimedia Commons, lizenziert unter Creative-Commons-Lizenz BY-SA 3.0, URL: http://commons.wi kimedia.org/wiki/File:Korkeiche_Andalusien2004.jpg
S. 115, u.	Foto: Cazalla Montijano, Juan Carlos, Wikimedia Commons, lizenziert unter CreativeCommons-Lizenz BY-SA 3.0, URL: http://commons.wikimedia.org/wiki/File:IAPH_Saca_del_corcho.jpg
S. 116	Mit freundlicher Genehmigung der BIOFA Naturprodukte W. Hahn GmbH, Boll
S. 117	H. Artelt
S. 122, o.	Foto: Trendwende GmbH, Oldenburg
S. 122, u.	Foto: Michael Kürschner, www.safari-afrika.de
S. 123, o.	Foto: Michael Kürschner, www.safari-afrika.de
S. 123, u.	Foto: Trendwende GmbH, Oldenburg
S. 124, o.	Foto: PROAIR GmbH, Argenbühl-Eglofs
S. 124, m.	Foto: OSCHWALD Boden aus Natur GmbH, Waldkirch
S. 124, u.	Foto: OSCHWALD Boden aus Natur GmbH, Waldkirch
S. 125, o.	GoodWeave Deutschland, Konstanz
S. 125, u.	Care & Fair
S. 126	Foto: LIAMONTE – Feine Tapisserie, Otto Scheda e.K., Waakirchen-Schaftlach
S. 136, o.	Foto: Baumberger Schlafkomfort, Elzacher Matratzen GmbH, Elzach
S. 136, u.	Foto: Lonsberg Naturbetten GmbH & Co.KG, Bad Waldliesborn
S. 137	Grafik: dormiente Naturmatrazen Futons Betten GmbH, Heuchelheim
S. 139	Mit freundlicher Genehmigung der Lonsberg Naturbetten GmbH & Co.KG, Lippstadt
S. 140	Mit freundlicher Genehmigung der Lonsberg Naturbetten GmbH & Co.KG, Lippstadt
S. 142	H. Artelt
S. 143, o.	Kapok Kontor Matratzenmanufaktur & Faserimport, Rottenburg am Neckar
S. 143, u.	Foto: Speltex KG, Obermoschel
S. 146	Grafik: www.viva-lite.vom
S. 147	Grafiken: www.viva-lite.vom
S. 147, u.	Foto: www.natur-nah.de – VollspektrumLicht für natürlich gutes Sehen, Wrestedt
S. 149	H. Artelt
S. 150	H. Artelt
S. 152, o.	Foto: Gebr. Elmer & Zweifel GmbH & Co. KG (www.cotonea.de)
S. 152, u.	Allo-Brennesselstoff Leinwand, Foto: Anita Pavani Stoffe, www.naturstoff.de
S. 157/158	BIOFA Naturprodukte W. Hahn GmbH, Boll

Abbildungsnachweise

S. 159	LOGOCOS Naturkosmetik AG, Salzhemmendorf
S. 163, o.	Foto: Siga, Wikimedia Commons, lizenziertunter CreativeCommons-Lizenz BY-SA 3.0,URL: http://commons.wikimedia.org/wiki/File:Hylotrupes_bajulus_up.jpg
S. 163, 2. v. o.	Foto: Gn, Wikimedia Commons, lizenziert unter CreativeCommons-Lizenz BY-SA 3.0, URL: http://commons.wikimedia.org/wiki/File:Spuszczel_pospolty_larwa.jpg
S. 163, 2. v. u.	Foto: Siga, Wikimedia Commons, lizenziert unter CreativeCommons-Lizenz BY-SA 3.0, URL: http://commons.wikimedia.org/wiki/File:Anobium_punctatum_above.jpg
S. 163, u.	Foto: Kai-Martin Knaak, Wikimedia Commons, lizenziert unter CreativeCommons-Lizenz BY-SA 3.0, URL: http://commons.wikimedia.org/wiki/File:Holzwurm_loecher.jpg
S. 164	ARIES Umweltprodukte, Horstedt
S. 165, o.	Foto: Pollinator, Wikimedia Commons, lizenziert unter CreativeCommons-Lizenz BY-SA 3.0, URL: http://commons.wikimedia.org/wiki/File:Aphids1533.JPG
S. 165, m.	Foto: James K. Lindsey at Ecology of Commanster, Wikimedia Commons, lizenziert unter CreativeCommons-Lizenz BY-SA 3.0, URL: http://commons.wikimedia.org/wiki/File:Chrysoperla.carnea.jpg
S. 165, u.	Foto: Eric Steinert, Wikimedia Commons, lizenziert unter CreativeCommons-Lizenz BY-SA 3.0, URL: http://commons.wikimedia.org/wiki/File:Chrysoperla_carnea_larva02.jpg
S. 170	Foto: Guillaume Brocker, Wikimedia Commons, lizenziert unter CreativeCommons-Lizenz BY-SA 3.0, URL: http://commons.wikimedia.org/wiki/File:Orange_slug.jpg

Danksagung

Vielen Kunden von Prodomo möchte ich meinen großen Dank aussprechen. Ohne deren Bereitschaft, gemeinsam ökologische Fragen zu diskutieren und ihre persönlichen Erfahrungen mitzuteilen, würden mir viele Einblicke fehlen.

Ein ebensolcher Dank gilt den Lieferanten von Prodomo, die mich immer wieder über neue Erkenntnisse aus ihrem Fachgebiet informiert haben, Seminare für ihre Geschäftspartner organisierten und mir die Einwilligung zur Verwertung ihrer Fotos und Grafiken gaben.

Durch intensive Gespräche mit befreundeten Händlern gelangte ich zu einem umfassenden Wissen über das Thema der Ökologie.

Ein ganz besonderer Dank gilt meiner Frau Susanne, unserer Freundin Inge Menzenhauer und Rabea Wolf, die viel Zeit in die Korrektur meines Manuskriptes investiert haben und mir viele wertvolle Anregungen gaben.

Ausdrücklich danke ich auch meinem Verlag mit Dr. Hans-Robert Cram, Beate Behrens und der Lektorin Maike Meurer, die dem Text den letzten Schliff gaben.

Sachregister

Abschirmfarben 38, 92
Acrylat 54, 117
Allergie 26, 95, 123, 128, 139–141, 158, 161, 175
Allergische Reaktion 140
Alternative Energieversorgung 82
Ameisen 50, 169
Anstrichmittel 72, 75, 100, 102–105
Antistatisch 122
Asbest 40, 48, 56
Ätherische Öle 164
Auslegeware 119, 121–124
Außentür 68

Bachlauf 167
Badeteich 167
Baumarkt 9–10, 65, 108
Baumwolle 119, 122, 124, 126, 132, 135–136, 138, 140–145, 151–152
Bebauungsplan 177
Beleuchtung 33, 88, 93–94, 147–150, 154, 164, 177
Besonnung 15, 171, 177
Betondecken 44

Biolampen 146
Bioprodukte 9–10
Biozide 96, 144, 160
Bitumen 31, 44, 46, 56, 73
Bitumenpappen 31
Blähton 29, 44, 49, 178, 184
Blaukorn 16
Blockbohlen 34, 73
Blockbohlenhäuser 73
Blockkraftwerke 81
Bodenstruktur 15
Bodenverhältnisse 25, 30, 177
Brandschutzklasse 40
Brauchwasser 10, 87, 97, 179
Brauchwasseranlage 10
Bullerjan 86
Butzenscheiben 62

Chemische Belastung 31, 35, 37, 80, 128, 148, 179
Chemische Mittel 15, 38, 165, 170
Chemischer Holzschutz 66–67, 163
Chlor 161
Chromate 26

Sachregister

CO_2 .... 10, 26, 35, 78–79, 81–82, 113, 175
Computer 88, 134, 156

Dämmeigenschaften 19, 27, 47, 52, 63, 180
Dämmstoffe 17, 21, 29, 32, 35–36, 44, 47–53, 61–62, 68, 78, 101, 178
Dämmziegel 34
Dampfbremse 51–52, 65, 160
Dampfdiffusion 55, 57–58, 61, 67, 74, 105
Dampfdurchlässigkeit 36–37, 52, 72, 106, 109
Dampfsperre 32, 51, 65, 98, 160
Dispersionsanstrich 32
Dispersionsfarben 72–73, 106–108
Dispersionskleber 116, 117
Drainage 30
Düngemittel 151

Echter Hausschwamm 162
Elektrische Felder 89–90, 92, 134
Elektromagnetische Felder 89–91, 134, 138, 177, 187
Elektrosmog 13, 37–38, 65, 89–90, 187
Energiebilanz 10, 17, 39
Energieeinsparung 18, 21–22, 32, 47, 89, 149
Energieeinsparungsverordnung 32
Energieversorgung 82, 88
Entsorgungsleitungen 31
Erdgas 82–83
Erneuerbare Energie 82
E-Strahlung 38

Farbfixierungen 121, 133, 137
Farbgestaltung 100
Farben 15, 27, 32, 38, 40, 45, 54, 65, 72–75, 92, 100–110, 116, 121, 125, 129, 133, 155–158, 162, 164, 172, 178, 181
Faserstäube 49
Fassaden 50, 70–74, 97, 171
Federbett 140
Federkernmatratzen 134, 136–137
Federleisten 135
Feinstaub 81, 124, 175
Fenster 29, 33, 38, 49, 52–53, 62–68, 134, 179
Fensterglas 29, 33, 65
Festnetzanschluss 94
Feuchtigkeitshaushalt 19
Feuchtigkeitssperre 27, 42
Flächennutzungsplan 177
Flachs 32, 44, 49, 152, 178, 183
Flammschutzmittel 112, 132, 137
Flüchtige organische Verbindungen 102
Fogging 106
Formaldehyd 54, 114, 128, 132
Fortschritt 37, 157, 175
Fossile Energieträger 81, 88
FSC 41
Fundamente 25, 27
Fungizide 71, 75, 132, 161, 162
Fußbodenheizung 77, 85, 86, 115, 119, 172
Fußleisten 77, 85, 86, 124
Fußleistenheizung 77, 86

Gesundheitsrisiken 15, 24, 26, 29, 46, 93, 94, 102, 120, 134, 160, 163
Gewässer 16, 126, 157, 158, 167, 175
Gips 41, 42, 44, 53, 60–61, 178
Gipskartonplatten 41, 45, 53, 61, 178
Gipsspachtel 54
Glaswolle 48
Glühfadenlampen 147–149
Gründach 57, 185
Gründung 25–30, 177, 178

193

Sachregister

Grundwasser 16, 96, 145, 152, 177
Gusseisen 31

Haarrisse 72, 74
Halogenlampen 149
Handgeknüpft 125–126
Hanf 32, 44, 49, 152, 178
Hartschaum 29, 36, 46, 48
Hausbock 162–164
Hausstauballergie 123
Haustechnik 31
Haustür 68
Herzschrittmacher 91, 93
Hochspannungsleitungen 177
Holzbalkendecken 42, 44, 45, 58
Holzboden 42, 112–115, 183
Holzfassaden 72–74
Holzfenster 66, 67, 179
Holzpellets 81
Holzschutzmittel 73, 101, 103, 162–164, 179, 186
Holzschutzmittelgeschädigte 101
Holzspielzeug 155, 156
Holzwurm 162–164
Hormone 122, 145

Induktionskochfelder 93
Infrastruktur 13, 144, 177
Inhaltsstoffe 51, 103, 104, 107, 125, 158, 159, 162
Insektenschutzmittel 132, 151
Insektizid 41, 75, 101, 120, 122, 125, 132, 143, 145, 162, 165
Insektizidrückstände 121
Isocyanate 54, 55

Kachelofen 77, 86, 179
Kalkfarben 72, 73, 107, 110, 178
Kalkputz 60–62, 178
Kalksandstein 33, 37, 39, 64, 72

Kalkzementputz 59, 60, 62, 178
Kaltdach 58
Kalziumsilikatplatten 62, 178
Kamineffekt 56
Kapok 138, 142, 143, 182
Kardolharz 116
Kastanienminiermotte 170
Kelleraußenwände 30
Kinderarbeit 125
Klimaanlage 80, 87, 88
Klimatechnisches Verhalten 18
Kohlekraftwerke 19, 53
Kokosfaser 42, 122
Kompost 15, 97, 168, 179
Kondensat 56
Kondenswasser 32, 63
Konservierungsstoffe 75
Konstruktionsvollholz 40, 41
Kopfkissen 142, 143
Korkboden 115, 116, 131
Kosmetik 159, 185, 186
Kosten 9–10, 17, 36, 38, 55, 62, 73, 85, 87, 106, 126, 138, 140, 143–144, 148, 154, 160
Kunststoffdispersionsfarbe 105
Kunststoffputze 36, 71

Laminat 106, 111, 112
Lärmemission 177
Lasuren 73–75, 101, 103
Latexallergie 139
Latexfarbe 106, 110
Lattenrost 135–136
LED 149–150
Lehm 33, 35, 36, 54, 60, 61, 69, 70, 108, 178
Lehmfarbe 107, 108, 110, 178
Lehmputz 60, 61, 178
Lehmrohlinge 36
Lehmziegel 36

Sachregister

Leimholz 40, 113, 114
Leukämie 93
Lichtverschmutzung 150, 175
Lindan 38, 101
Linoleum 111, 113, 117, 118, 123, 124, 178, 182, 183
Lockstofffallen 170
Luftaustauschrate 34
Luftdichtigkeit 53, 68, 79
Lüftungsanlagen 22

Matratzenschoner 136
Mehrschichtgläser 65
Melatonin 145
Mikroklima 15, 57, 63, 71, 80
Mikrowellen 89, 93, 94
Milben 123, 140, 142–143
Mineralfarben 73
Mineralwolle 29, 36, 41, 44, 46–49, 53, 178
Mineralwollstaub 48
Mobiltelefon 94, 156
Motten 73, 120–121, 124, 125, 137, 164, 165

Nachhaltigkeit 7, 71, 175, 176, 187
Nachwachsende Rohstoffe 19, 53, 174, 186
Nacktschnecken 169
Nahrungskette 16
Naturbettdecken 142
Naturdünger 15
Neemöl 143, 165
Nematoden 169
Netzfreischalter 92, 134, 179
Niedrigenergiehaus 87, 148
Nutzinsekten 165, 168, 169

Ökologisch heizen 78
Ökologisch wohnen 153–166

Ökologischer Baustoff 26, 178
Ökologisch bauen 8, 10, 13, 18, 21, 67, 71, 110, 186
Ökosystem 16, 53, 150
Orientteppich 125
OSB-Platten 45, 54, 61

Pappdocken 56
PCP 38, 101
Permethrin 120
Pestizide 125, 132, 145
Pflanzen 15, 16, 37, 57, 79, 80, 96, 97, 108, 142, 146, 151, 165, 168, 169, 172, 173
Pflanzenkläranlagen 97
Pflanzenschutzmittel 151
Phenolharz 48, 116
Pigmente 75, 105, 108, 117, 119, 162
Plattenheizkörper 77, 85, 87
Polstermöbel 132–133, 184
Polypropylen (PP) 31
Polysterole 27
Polyurethan 48, 67, 116, 117
Polyvinylchlorid (PVC) 28, 29, 31, 59, 111–113, 118, 124, 138
Primärenergie 78, 88, 148
PVAC-Leim 114, 130

Radioaktive Belastung 41, 119, 175, 177, 179
Radonbelastung 14
Rauchgasentschwefelung 53
Raumklima 19, 23, 26, 27, 32, 37, 52, 58, 60, 70, 80, 88, 105, 108, 113, 115, 118, 129, 137, 179
Regenrinnen 58, 59
Regenwassernutzung 96, 168
Reinigungsmittel 157–159
Ressourcen 18, 19, 96, 158, 179
Restfarbbrühe 125, 126

195

Sachregister

Rohmaterialien 19, 57, 142, 152
Röntgenstrahlen 15, 19, 177
Rosenheimer Richtlinien 66
Rosshaar 132, 136–138, 140, 143

Schädlinge 160, 162–165, 169
Schadstoffkonzentration 34, 72
Schafwolle 32, 41, 44, 49, 125, 132, 136, 142, 151, 178
Schalldämmgläser 65
Schalöl 27
Schaumglas 27, 29, 31
Schaumstoffmatratzen 136
Schimmel 22, 24, 32, 34, 61–65, 72, 73, 106, 107, 110, 137, 160–162, 172
Schimmelentferner 65, 161, 162
Schlafplatz 133–134
Schneckenzaun 170
Schreibtische 156
Schwedenrot 73, 75
Schwimmender Estrich 44, 111, 112, 115
Sender 19, 37–38, 177
Sicherheitsgläser 65
Sichtmauerwerkattrappen 36
Silikatfarbe 32, 65, 72, 73, 107, 110, 162, 178
Sisalagave 122
Sommerlicher Wärmeschutz 52–53, 55
Sonnenkollektoren 10, 78, 79, 83–84, 171, 179
Spanplatten 54, 61, 69, 126, 127, 128, 133
Sperrfolien 31
Spielzeug 155–156
Spritzmittel 109, 122, 168
Stadtgas 45
Stahlbeton 25
Stampflehm 36
Ständerwerk 34, 35, 41

Statik 25
Steinwolle 48
Steinzeug 31, 111, 118, 119
Störungsfrei 13, 95, 133, 134
Strom 19, 37, 77, 81, 83, 88–93, 134, 138
Stromverbrauch 89, 93, 149, 150
Styrol 28–29
Styrolbutadien 28–29, 137
Styropor 28, 35, 44, 48, 53, 177, 178

Tageslichtlampe 146–147
Tapetenkleister 65, 109
Taupunkt 51, 160
Tauwasser 22, 72, 98, 160
Teich 167–168, 172, 185
Telefon 94–95, 179
Teppich 111, 113, 119–126, 164, 178, 182–183
Teppichkäfer 164
Titandioxid 107
Trinkwasser 96–97, 177
Trockenputz 61, 178
Trockentoiletten 97

Überwinterungshilfen 168, 170
Umketteln 124
Umweltbelastend 58, 158

Vertreibungsmittel 169
Vinyl 112
VOC 102
Vollholzmöbel 129
Vulkangestein 14

Wandfarbe 103, 105, 107–110, 178
Warmdach 58
Wärmedämmung 21, 27, 31–32, 53, 65–66, 68, 78, 93, 174

Sachregister

Wärmedurchgangskoeffizient 65
Wärmespeicher 53, 172
Wärmeverlust 46–47, 53, 65–67, 78–79
Warmluftheizung 87
Wasseradern 19
Wasserbetten 136–138
Wasserdampfgehalt 63
Wasserleitungen 32, 98
Wasserverbrauch 10, 96
Webteppich 124–125
Weichfaserplatten 44, 45, 48, 55–56, 68–69, 178, 183
Weichmacher 29, 74, 75, 102, 105–106, 112, 138, 155
Winddichte 21, 22, 24, 34, 50

Windenergie 179
Windverhältnisse 15
Winterdepression 146
Wintergarten 80, 171–174
W-Lan 95
Wohnwert 10, 21
Wollputz 109, 178
Wünschelrutengänger 26, 133–134

Zellulosedämmstoff 29, 36, 41, 42, 44, 48, 50, 178, 183, 184
Zement 26–27, 44, 54, 59–60, 62, 178
Ziegel 33–36, 39, 44, 55, 58, 64, 70, 72, 177, 178
Zusatzstoffe zum Beton 26–27, 37

Architekturführer Berlin
von Martin Wörner, Karl-Heinz Hüter,
Paul Sigel und Doris Mollenschott
Klappenbroschur
ISBN 978-3-496-01380-8

Architekturführer München
von Winfried Nerdinger
Deutsch/Englisch
Klappenbroschur
ISBN 978-3-496-01359-4

Architekturführer Ruhrgebiet
von Axel Föhl
Deutsch / Englisch
Klappenbroschur
ISBN 978-3-496-01293-1

Architekturführer Stuttgart
von Martin Wörner, Gilbert Lupfer und
Ute Schulz
Klappenbroschur
ISBN 978-3-496-01290-0

www.reimer-verlag.de

Baukunst der Nachkriegsmoderne
Architekturführer Berlin
1949–1979
von Adrian von Buttlar,
Kerstin Wittmann-Englert
und Gabi Dolff-Bonekämper
Klappenbroschur
ISBN 978-3-496-01486-7

Der Architekturführer stellt herausragende Bauten der Berliner Nachkriegsmoderne vor – ein Architekturerbe, das noch immer von Abriss oder Entstellung bedroht ist. Er vermittelt den hohen künstlerischen Anspruch dieser Baukunst sowie ihren historisch-politischen Aussagewert zur Epoche des Kalten Krieges.

Mehr als 30 Autoren und Autorinnen der Arbeitsgemeinschaft denkmal!moderne stellen über 200 Bauten, Ensembles und Siedlungen des damals geteilten Berlin vor. Die gestalterischen Qualitäten der Gebäude werden durch kongeniale Neuaufnahmen von Alfred Englert, Mila Hacke und Markus Hilbich präsent. Entstanden ist ein innovatives Handbuch, das Bauwerke in Ost- und Westberlin gleichermaßen berücksichtigt und den denkmalpflegerischen Umgang mit den Bauten kritisch würdigt. Es lädt dazu ein, eine Epoche wiederzuentdecken, die die Identität der Stadt noch heute prägt, auch wenn sie inzwischen schon der Geschichte angehört.

www.reimer-verlag.de